The Leadership Genius of Alfred P. Sloan

Invaluable Lessons on Business, Management, and Leadership for Today's Manager

Arthur D Little

ADL経営イノベーションシリーズ

アリン・フリーマン 著

アーサー・D・リトル(ジャパン)訳

スローン・コンセプト

組織で闘う

「会社というシステム」を築いたリーダーシップ

THE LEADERSHIP GENIUS OF ALFRED P. SLOAN
Invaluable Lessons on Business, Management, and Leadership for Today's Manager
by
Allyn Freeman

訳者まえがき

今、世界の自動車産業を俯瞰してひとこと語られるとき、その主たる論調は、トヨタ自動車をはじめとした日本メーカーの躍進、および影にある、GM（ゼネラル・モーターズ）など米国メーカーの苦悶を指摘するものであろう。実際、年間の自動車生産台数でトヨタ自動車がついにGMを凌駕する日も、もうすぐそこに迫ってきているようである。

ただし、ここで一旦あらためて考えてみていただきたい。これは換言すれば、あのトヨタが、あれだけの経営努力のすえに、やっとGMに追いつくに至った、ということにほかならないということを。つまり、一体どれだけGMは先行していたのか、ということを。

歴史を紐解くと、一九三〇年代、トヨタ自動車に年間数千台の生産能力しかなく、本田技研工業にいたっては創業もされていなかった頃、米国では年間五〇〇万台のクルマが製造されていた。そしてそこで、一九〇八年の登場来、一五〇〇万台の販売実績を誇っていた「T型」を擁するフォード社のシェアを大幅にもぎ取る形で、スローンのGMはトッププレイヤーとしての地位を確立していたのである。

〝なぜ、ＧＭは、ほぼ一世紀の長きに渡り、優れた企業として君臨しえたのか？〟

毀誉褒貶はあるにせよ、二十世紀初頭から今に至るまでＧＭが世界のトップに立ち続けている事実を鑑みるとき、素朴な疑問がわいてくる。本書は、ＧＭの礎を強烈なリーダーシップのもと築き上げた、〝中興の祖〟アルフレッド・Ｐ・スローンＪｒ．に焦点をあて、その経営のあり方を紐解いたものである。

スローン以前の経営は、天才的な一人の経営者が全権を掌握し、企業活動全体を運営・統括する形態であった。トーマス・ワトソン（ＩＢＭ）、アンドリュー・カーネギー（ＵＳスチール）、ヘンリー・フォード（フォード）、そしてスローンの前任者であった、ウィリアム・デュラント（ＧＭ）に代表されるような、〝社長が一人で引っ張る〟経営の形である。

その経営原理がまだ主流であった時代、スローンはＧＭのトップとして登場した。彼のなした業績を今振り返るとき、そこに見出すもの、それは、〝企業全体が方向性を一つにしながら各部門が自律的・有機的に動く〟新時代の企業運営、すなわち、「スローン・システム」とでも評すべき、まったく新しい（そして現代にも通用する）経営原理の創造である。

スローンは、車を作りさえすれば買ってもらえたころ、つまり、T型フォード——単一に企画化された商品——を大量に捌く考え方が常識だったころに、備えるべき次の時代を見越してGMに大改革を起こした。顧客が自己主張をいずれ始めるであろうことを看破し、〝市場に近接したものづくり〟を経営のコンセプトに据え、そのために最適化された組織を一からつくりあげたのである。

「経営者の個性任せの企業運営しか存在しなかった時代である。この時代に、スローンは、〝組織として闘っていくために〟企業活動全体を包含・統合した〝システム〟を、白紙のキャンパスに絵を描くように築き上げていった。スローンが企図したのは、いわば「経営イノベーション」であると言える。実際、スローン以降、アメリカ企業の、ひいては世界中の企業の構造・運営方法は格段に進歩したのである。

イノベーションの矛先は、企業活動のあらゆる側面に及ぶ。マネジメントチームや経営委員会、各事業部門や子会社、販売特約店、販売融資機関、海外展開、企業買収、経営人材育成、研究開発・マーケティング・営業・生産・広報・調達・財務などの組織機能、従業員相互の尊敬や反対意見の尊重といった企業規範、これら全てがスローンにとって改革の対象だった。

各々の改革は、スローンの経営コンセプト、言葉を変えれば信念ともいうべき〝想い〟から導かれたものであった。読者の皆様には、〝それぞれの改革について知ること〟よりも、「経営とは」「組織とは」「モチベーションとは」といった根本的な問いに対してのスローンの想いを〝大きく感じ取っていただけること〟がより重要ではないかと考える。そこには経営イノベーションの本質が眠る、そうわれわれは考えている。

企業の規模が大きくなると、革新を目指した打ち手はいきおい部分的にならざるを得ない。とくに、情報過多の傾向がある昨今、様々な経営手法が喧伝される中にあっては、個々の手段（手法）導入自体が目的化するおそれすらある。

本書を手にして頂いた皆様には、成長に向けた自社の改革を念頭にしたとき、何を考え・行うべきかを、スローンの英知に探っていただきたいと思う。

スローンの経営システムを一言であらわすなら、一元化された権限（企業全体としての方向性の整合）と効果的な分権（各部門の自律度・自由度の確保）の両立にある。

世の中の不確実性が高まっていくということ。それは一般に、市場を先導するイニシアチブが、製造者側から市場側・顧客側にシフトしていくことに近い。すなわち、市場がモザイク模様に彩られていき、〝異なった要因に基づいて異なった挙動を示す〟セグメントが乱立し始めることを指す。

そこは、一人（の天才経営者）が全てを把握しうる、という世界ではない。それぞれの部門が、主体的に自らが対峙するマーケットで勝つための道筋を描くこと、そしてその一方で、各部門の活動が企業全体としての一貫性を保つこと、の高度なバランスが求められるのである。スローンはこれを、徹底した議論のうえに進むべき方向性を自らが打ち出し、適材適所に配した有能な部下に実行をゆだねることで達成していったのである。

なお、スローン以降のGMには後日譚がある。

本編の最後にも記述があるが、一九四〇年代中盤、スローン氏の代表権禅譲を間近に控えていたGMは、次代に向けた経営課題を見出すため、若かりし日のピーター・ドラッカーに、社内の経営構造の徹底的な研究を依頼した。

この研究結果は一九四五年、『企業とは何か』というレポートに取りまとめられた。この中でドラッカーは、スローンの成し遂げた功績、というよりも、スローンがつくりあげた企業経営システムに対し惜しみない賛辞を与えるとともに、次なる一歩としての課題を提起した。しかしGMはこの提言を結果的に軽視した。

その提言とは何であったか。最も重要な主題は、〝マネジメント的視点を持つ責任ある従業員〟の育成・確保であったと我々ADLは考える。つまり、世の複雑性が今後さらに上昇していく中、経営陣および権限委譲された優秀な各部門統括者の努力に加え、さらに一歩踏み込んで、〝自ら問題を発見し、解決していく力を持つ責任感ある現場の社員を育成していくこと〟の必要性を喚起したのである。

しかし、この概念は、当時のGM労使双方にとって許容できるものではなかった。なぜなら、労側には職掌範囲を増やす労働強化に、使側には従業員（≠労働者）の越権行為に見えたからである。

ただし、この概念は（GMに当時遅れをとっていた）他の自動車メーカーによって、たとえば〝カイゼン〟のような形をとり以降実践されていく。この、二十世紀中盤の出来事に、われわれは冒頭に掲げた現在の日米メーカーの逆転劇のはしりを感じることができる。

ドラッカー氏はこの〝責任ある従業員〟の概念を後年、〝知識労働者〟に昇華させた。そしてこれは、九〇年代以降の経営・組織指導原理〝ラーニング・オーガニゼーション〟――全ての社員が経営者の視点で考え、自律・創発・協調して行動する組織――に影響を及ぼしていくのである。

弊社アーサー・D・リトル（ADL）は、一八八六年に米国マサチューセッツ工科大学（MIT）教授であった、アーサー・D・リトル博士によって設立された。くしくもスローン（母校MITに寄付をし、ビジネススクール **Sloan School of Management** を設立）もGM（スローン社長登用時のGM社主であるデュポン社の経営陣デュポン三従弟はいずれもＭＩＴ卒業生）も共にＭＩＴとの縁が深い。本書を皆様にお届けすることに、何某かの因縁を感じる次第である。

ＡＤＬは設立以来一二〇年にわたり、〝ものづくり〟に携わる企業の様々な経営課題解決に取り組んできた。この度、英治出版のご協力を頂き、この長い歴史の中で培ってきたわれわれの知見や想いを「ＡＤＬ経営イノベーションシリーズ」として刊行していく機会を得た。

その第一弾として、企業経営のそして経営イノベーションの原点回帰の意義を踏まえ、本書を発刊するものである。また巻をあらためて、その次に産まれてきた組織原理、〝ラーニング・オーガニゼーション〟についても詳細を紐解いていきたい。

二〇〇七年一月　アーサー・D・リトル（ジャパン）マネージング・ディレクター　日本代表　原田裕介

The Leadership Genius of Alfred P. Sloan

Invaluable Lessons on Business, Management, and Leadership for Today's Manager

スローン・コンセプト
組織で闘う

目次

第4章　事実にもとづき決断する　101

第5章 海外の市場をとらえる 121

第6章 プロフェッショナルを育て、任せる 155

第7章 事業の範囲を拡げる

第8章
組織を全体としてマネージする　215

第9章　流通ネットワークを強固にする　239

第10章　企業イメージを高める　261

The Leadership Genius of Alfred P. Sloan

Invaluable Lessons on Business, Management, and Leadership for Today's Manager

スローン・コンセプト 組織で闘う

「会社というシステム」を築いたリーダーシップ

第1章

近代企業経営の原型「スローン・システム」

アルフレッド・P・スローン・ジュニア（一八七五〜一九六五）は、アメリカ自動車産業における生産方法、組織構造、マーケティング、販売、流通、金融、広告――一言でいえば自動車製造に関わるあらゆる側面――のあり方を変えた。それだけではなく、この劇的な転換、すなわち業界を根底から改革する過程において、アメリカの企業界に革命をもたらした。スローンより前にそのようなことを成し遂げた人物はいなかったし、これからも現れないかもしれない。

二冊目の自伝★のなかで、スローンはアメリカ式の自動車販売および製造の方法を生み出した二人の男についてこう記している。

「（ゼネラル・モーターズの）デュラント氏と（フォード・モーターズの）フォード氏は、ともに非凡

★ 次頁脚注

なビジョンと勇気、大胆な創造力と先見性の持ち主だった。……彼らは、論理的な経営手法や客観的事実にのっとった経営規律に立脚するというよりも……むしろ、自身の個性を経営に注ぎ込んだ」[1]

彼らが軽視した「規律」「手法」「事実」の必要性こそ、スローンが心に描いた企業改革の中核をなすものだった。そしてチャンスが訪れたとき、彼にはその理想像「スローン・システム」を実行に移す準備が整っていた。一九二三年、ゼネラル・モーターズの社長就任演説でスローンは述べる。

「偉大なる業績を打ち立てる真のチャンスが訪れるであろうことは、私には、はるか以前からはっきりと分かっていた」[2]

こう告げた瞬間から、GMの歴史、そして世界中の企業の歴史は変わり始めた。巨大企業ゼネラル・モーターズを率いたアルフレッド・P・スローン・ジュニアの歩んだ道は、アメリカ企業史においていまだ凌駕されたことのない、偉大なリーダーシップと経営革新の物語である――。

スローンが築いた「会社というシステム」

スローンが四十年以上の長きにわたって指揮を執った組織、ゼネラル・モーターズ・コーポレーション（以下GM）。スローンは、もともとはハイアット・ローラー・ベアリング・カンパニー★という会社の社長であった。その会社が一九一六年、GMに買収される。当時のGM社長

★ ニュージャージー州、ニューアーク

[1] Alfred P. Sloan, Jr., *My Years with General Motors* (Doubleday, 1990 (1963)), p.4.
アルフレッド・P・スローン著『GMとともに』有賀裕子訳、ダイヤモンド社、2003年

[2] Alfred P. Sloan, Jr., *Adventures of a White-Collar Man* (Doubleday, 1941), p.132.

ウィリアム・クラポ・デュラントは、GM傘下にあった複数のカーアクセサリーメーカーとハイアット・ローラー・ベアリングをまとめてユナイテッド・モーターズ・カンパニーという新会社を設立し、その社長にスローンを任命した。GMにおけるスローンのキャリアはここから始まる。

一九二〇年、スローンがユナイテッド・モーターズの社長から、デュラントを継いだGM社長ピエール・デュポンのもとで業務担当バイス・プレジデントになったとき、GMは複数の自動車関連部門がまとまりなく寄せ集められた組織で、組織面でも財務面でも混乱していた。一九二一年の五部門すべてを合計したGM製自動車の米国自動車市場におけるシェアは一二％で、業界二位とはいえ、六〇％のシェアを誇る最大手フォード・モーター・カンパニー（以下フォード）には遠く及ばない状態にあった。

当時ヘンリー・フォードはT型フォード（Ford Model T）の組立ラインによって大きな成功を収めていた。大量生産、適正賃金、安い販売価格を支える大量の販売台数。すべてがうまくいったため、大量生産や完全雇用の成功を意味する「フォード方式（Ford System）」という言葉が生まれ、世界中に広まった。意外な例だがロシア革命の指導者までもがスローガンに用いたほどだ。

圧倒的優位を誇って市場を支配していたフォードは、スローン以外のすべての者の目には、決して越えることのできない存在として映っていたことだろう。しかしスローンは、フォードが肥大化した全体主義的な組織であり、不安定かつ硬直した組織であって、そのトップの座を脅かすことは十分に可能な相手であることを見抜いていた。そしてGM社長の座に就いたとき、彼はそれを自分の考えの正しさを試すチャンスだと捉えた。

ヘンリー・フォードは、車の色、スタイル、型を自由に選びたいという消費者の希望を拒絶した。専制君主さながらの悪名高いフォードの語録には、変化を嫌う彼の性格がよく表れている。「皆様には〈黒〉の中からお好きな色のT型フォードをお選びいただけます」。

こうしたライバルの硬直性が幸いしてGMは大いに発展することになった。一九二三年末までに、フォードのシェアは六〇％から五二％に落ちた。一九二九年のA型フォード発売の直後を除いてフォードのシェアは年々縮小し、一九三六年には二二％まで落ち込んだ。十三年間で三八ポイントである。その一方で、GMのシェアは国内市場の四三％に拡大した（クライスラーも二五％と拡大）。これはアメリカの主要産業がそれまで経験したことのなかった大規模な市場シェアの逆転劇である。GMとその株主は大きな利益を手にし、スローンの名声は高まる。

そしてこの時期、スローンは長年温めてきた企業経営に関するアイディアやコンセプトを実行に移した。一九四六年にCEO（最高経営責任者）を退任し、さらに十年後に会長職を退いて引退するまで、彼は経営を取り仕切り、そのアイディアやコンセプトを実行し続けた。★1 GMが、前例のない急成長、高い収益性、そして業界における抜群の優位性を実現できた理由はここにある。その卓越した経営の枠組みが、「スローン・システム」である。

★1 スローンは 1966 年に亡くなるまで名誉会長の肩書きを保持していた

新時代の経営秩序

スローンにとっての「良いアイディア」とは、T型フォードの組立製造ラインを考案したヘンリー・フォードや、MS‐DOSを開発したビル・ゲイツの場合のように、発明や革命的発見を指すのではない。彼のアイディアとは、多様な側面を持つ巨大企業を効率的に運営するために、一元化された権限を維持しつつ、一方で効果的な分権システムを作り出す実用的かつ民主的な方法であった。それについてスローンは早い時期に以下のように述べている。

「自動車産業がまだ若く、爆発的な勢いで成長していたころ、その未来は一握りのリーダーたちの肩にかかっていた。そのため往々にして、自動車産業の中心地にリーダーたちが集まって来るというよりも、リーダーのいるところが産業の中心地となった」[3]

そしてスローンはさらにその中心にあり、「あらゆる目的に応じたあらゆる価格帯の車の提供」というコンセプトを掲げた。その言葉どおり、彼のもとでGMは、自家用車にとどまらず、冷凍輸送車、機関車、トラック、バス、自動車部品、カーアクセサリーの各分野でも成功をおさめた。さらに金融子会社GMACも立ち上げた。同社は消費者が自動車を購入する際に融資を提供することで莫大な利益を上げた。

第二次世界大戦中には、高度に組織化されたGMの操業によって大量の軍需物資が生産された。アメリカの戦争準備が効率よく進められた大きな理由として、GMによる戦車、トラック、その他の車両の生産能力が挙げられるほどだ。★2

★2 戦後、日本の実業家たちは、GMの組織と生産システムを研究し、それが祖国の経済復興に最も役立つモデルであると考えた。四十数年の後、日本の自動車産業は成功を収め、GMをはじめアメリカの自動車メーカーを超えはじめることとなる

[3] Sloan, 前掲 *My Years with General Motors*, p.317.

そしてスローンが会長職を退いた一九五六年には、GMは世界屈指の大企業となり、製造五部門（シボレー、オールズモビル、ポンティアック、ビュイック、キャデラック）はアメリカ国内の市場を制覇していたのである。

経営の〝プロフェッショナル〟として

会社から高額の報酬とストック・オプションを受け取って莫大な財産を築く――スローンは、こうしたアメリカ企業家の典型的なサクセス・ストーリーを最初に体現したうちの一人だった。それ以前は、個人が莫大な財産を築くには（J・P・モルガンのように金融によって、あるいはロックフェラー家のように相続による以外には）、製品や製造工程を発明するしかなかった。アンドリュー・カーネギー、トーマス・エジソン、ヘンリー・フォードなどの発明王や創意工夫に長けた人々がその典型だ。

また、スローンは大卒の学歴を持つ経営者としても先駆者の一人だ。大学教育を受けた人々は、少数ながらも企業の中で重要性を増しつつあった。インテリが企業幹部になるという二十世紀の伝統はこのころに端を発する。もっとも、一九二〇〜三〇年代の自動車業界、とりわけGMは、大学出身者の採用に積極的ではなかった。自動車産業を担う男となる資格があるのは、ヘンリ・リーランド（キャデラック）、ドッジ兄弟、ウォルター・P・クライスラーらのように、シャーシやブレーキをいじりながら働いてきた者だけだと考えられていた。

スローンはマサチューセッツ工科大学（ＭＩＴ）で電気工学を学んだ。彼の考え方は概ねエンジニアリング・プロジェクトを遂行する際の論理思考に沿って整理されていた。それは一定のシステムに則った思考プロセスであり、首尾一貫したＧＭ再建プランの中に開花し、実を結んでいく。

スローンは自分自身を「高等教育を受け、自力で出世を勝ちとった経営者」という、当時生まれつつあった新しいカテゴリーに属すると考えていた（ただし、スローンは貧困の中から身を起こして富への階段を一歩一歩登って行ったというわけではない。父親がコーヒーと紅茶の商売で成功をおさめており、スローンとその家族は、アッパーミドルクラスの暮らしを送っていたためである）。

プロフェッショナル・マネジメントは体系的なシステムとして学習・模倣が可能なものだとスローンは信じていた。その信念は、母校であるＭＩＴに五百万ドルを寄付してスクール・オブ・インダストリアル・マネジメントを設立したことにも表れている。一九六五年、同校の理事会は創設者の栄誉を称えて、校名をＭＩＴスローン・スクール・オブ・マネジメント（ＭＩＴスローン経営大学院）へと改称した。スローンが遺した経営の伝統は、直に彼の薫陶を受けたＧＭの幹部たちだけでなく、アメリカ中のビジネススクールの教育の中に生き続け、次世代のプロ経営者たちを育てているのである。

ピーター・ドラッカーはこう書いている。「彼（スローン）は謙遜するタイプではなかった。アメリカ経済学と歴史における自身の立場を高く評価していた」[4]。

[4] Peter F. Drucker, *Adventures of a Bystander* (Harper Collins, 1991 (1978)), p.285.

その企業経営原則

八十五年前にスローンが成し遂げたことは、現在では常識のように思えるし、当たり前のこととして受けとめられているが、彼がGMの社長になるまで企業活動の全体を包括するシステムというものは存在しなかったことを忘れてはいけない。スローンがリーダーシップをとった瞬間から、アメリカ企業の、ひいては世界中の企業の構造が格段に進歩したのだ。

スローンは新しいアイディアやコンセプトを実践して、会社組織のあらゆる側面の改善に取り組んだ。MITを卒業してハイアット・ローラー・ベアリング社で新人社員としての日々を送っていた当初から、探究心旺盛なスローンは時代遅れになっていたアメリカのビジネス慣習を改善する方法を模索していた。以下がスローンの革命的システムの柱だ。

- 事実とデータのみを意思決定の主要因とする。
- 反対意見や意見の相違を奨励する。
- 権限と管理を本社で一元化しつつ、委員会を複数設置した分権制とする。
- 友人をひいきせず、最も優秀な人材を集める。
- 社長やCEOはコンセンサスを得た上で絶対的支配者として行動する。

スローンが一九二〇年に当時のGM会長ピエール・デュポンに提出した『組織研究』という

レポートの中で、彼は組織再建に不可欠な事柄を挙げている。当時、スローンはGMの旧態依然とした独裁的なシステム、直感に頼った経営判断、縁故採用などに失望していた。レポートはこう書き出されている。

「この研究の目的は、ゼネラル・モーターズ・コーポレーションに一つの組織を提案することにある。その組織とは、権限の体系が広範な事業のすみずみまで行き渡り、かつ各部署の業務が協調のとれた状態にあるものだ」[5]

スローンは新しい企業秩序の二つの大原則を主張した。一つは意思決定を下す独立した権限を各部門の責任者に与えること。もう一つは、彼らの意思決定の際には必ず本社に財務上の承認を得て、大局的観点からの指導を仰ぐよう義務づけることだ。

後に世界的な成功を収めることになるGMの形が見えはじめたのは、GMがスローンのこの革新的なアイディアに従った時点だったといえよう。スローンに倣って、他の企業や公的機関も次々に、明確な分権構造と有能なリーダーを持つGMスタイルの組織への変身を試みることになった。

スローンの組織再建の枠組みはGMを収益の上がる体質に変えた。『組織研究』の成功の証は、GMの売上高の上昇と、世界的規模での急速なシェア拡大に如実に表れていた。

また、組織の再建に加え、スローンはいくつかの画期的なビジネス上の決定を下した。これらも、スローンの類希な才能を証明するものといえよう。

[5] Sloan, 前掲 *My Years with General Motors*, p.52.

●顧客に幅広い選択肢を与える。
●企業広告、広報活動を通して好ましい企業イメージを広める。
●海外での製造や輸出による国際販売およびマーケティングを行う。
●主力製品、主力サービス以外にも事業機会を探る。

スローンが今に伝えるもの

一九六三年に出版された二冊目の自伝『GMとともに』は、スローン自身がGMで過ごした歳月と経験の詳細な報告書だ。その主な目的は、企業のリーダーであり意思決定者であるプロフェッショナル・マネジャーの位置づけを明確にすることにあった。彼は、経営とは明確な定義と系統的な形を持った一つの専門分野であり、組織原則に則って行われるべきものであることを強調した。このようなことを主張したのはアメリカのビジネスの歴史上、スローンがはじめてだった。

一つのアメリカ企業が巨大企業に発展するまでの歴史的経緯に興味がある人にとって、スローンの自伝は必読書であるといえる。同書は有益なビジネス書であり、二十世紀初頭に繰り広げられたアメリカ自動車産業の発展を描いた実に興味深い歴史物語である。そこには自動車産業を成功に導いたあまたの先駆者の素顔をも垣間見ることができる。そして組織と経営の天才、スローンの頭脳を覗き見ることもできるのである。

最初の自伝★は一九四一年に出版された。少年時代に始まり、ハイアット・ローラー・ベアリングで過ごした若き日々が生き生きと描かれ、一九四〇年までのGMにおける経験も簡単に述べられている。


スローンはGMですばらしい成功を収めた。そして、今日の経営者にとってより興味深いのは、彼がどのようにしてその成功を成し遂げたかということだ。スローンの最大の功績は近代的な企業構造を構築したことであり、彼の描いた組織の青写真は、世界中の企業や組織にとっての模範となった。慢心からではなく、スローンはそれをこう表現している。

「今日では明らかに、あらゆる男性、女性、子どもが、そしてこれから誕生する何世代もの人々がGMの力の恩恵を受けている」[6]

★ Sloan, 前掲 *Adventures of a White-Collar Man*

[6] Sloan, 上掲書 p.193.

第2章

意見対立の中に将来を見出す

スローン以前の会社組織における基本的な問題は、スタッフがラインと異なる考えを持っていても、それを吸収する受け皿が存在しなかったことだ。それどころか、意見の相違は問題解決には役立たないものであり慎むべきだとされるほうが多かった。「従いたくなければ、出て行け」というような独裁統制が敷かれ、社員は服従を強要されるか、不服従を理由に解雇されるかのどちらかしかなかった。封建的かつ非民主的なプロセスである。

中間管理職というものは存在せず、問題が購買であれ、製造であれ、販売であれ、マーケティングであれ、社内で決定を下せる人間は一人しかいなかった。会社の運営について、従業員が何らかの発言を許される余地はほとんどなかった。彼らの意見は求められていなかったし、ごく稀に意見を言うチャンスが与えられたとしても却下された。
スローンは、一人の人間を絶対的支配者として戴くことの弊害に気づいていた。
「仮に独裁者がすべての問いについて完璧な答えを知っているならば、独裁制は最も有効な経営手法である。しかしそんなことはあり得ない。したがって独裁制は必ず敗れる」[1]
スローンによってこの問題は大きく改善された。彼がGMの指揮をとって数年後には、社員が異議を唱えることは経営に不可欠なプロセスとなり、それが会社のためにも従業員のためにも大いに役立ったのである。

スローンの原体験

一八九五年、電気工学の学士号を取得してMITを卒業したスローンは、製図技師としてニュージャージー州ニューアークにあるハイアット・ローラー・ベアリングで働き始めた。同社は、その後の自動車産業になくてはならない部品となる「転がり軸受け」を製造していた。その実績が後にスローンがGMの一員となる際にも大いに役立った。

ハイアット社でスローンはピーター・スティーンストラップという元気の良い移民の簿記係と知り合いになった。昼休みに二人はこの小さな会社（従業員数二十五名）と社長であるジョン・ウェスリー・ハイアットの仕事上の問題点についてよく語り合った。

「私たちはハイアット・ローラー・ベアリングについて、少年のように伸び伸びと、さまざ

[1] Sloan, 前掲 *Adventures of a White-Collar Man*, p.107

まなことを語り合うようになった。社長よりも自分たちの方がうまく会社を経営できる自信があった」[2]

ハイアット氏は優秀な発明家だった。セルロイド製のビリヤードボールの製造法を開発し、象牙に替わる硬材を捜していたメーカーに提供したこともある。しかし、スローンとスティーンストラップは、ハイアット氏は有能なビジネスパーソンではなく、この小さな工場が収益を上げられるように経営するだけの視野を持っていないことに気づいていた。

だが、新人社員のスローンには、会社の経営について発言する機会は与えられていなかった。自由にものを言えない環境にスローンは苛立ちを覚えるようになる。学位を持つ新しいタイプのビジネスパーソンとして、スローンは自分の見方に自信を持っていただろうし、聞いてもらう価値のある内容だと信じていたことは間違いない。

この時期のスローンとスティーンストラップのやりとりが、後にスローンがGM経営の最上層部に採り入れたオープンで率直な対話パターンの礎となっている。スローンはスティーンストラップとの意見交換を楽しんだ。彼は気の合う仲間であるとともに良き聞き手であり、互いの見解が違うときにもはっきりと自分の意見を言う男だった。

無限のチャンスを持つ二人の二十代の青年のあいだに結ばれた最初のビジネスパートナーシップは、一八九八年にスローンの父親が仲間とともにハイアットを買収すると、そのまま経営陣に引き継がれた。スローンは事業部長、スティーンストラップは営業部長となった。年老いたハイアット氏が日々の業務に関わらなくなったおかげで、二人は長年話し合ってきた

[2] 同書 p.16.

経営のアイディアを実行に移すことができた。真っ先にすべきことは、毎月繰り返し出ていた損失を食い止めることだった。再建に着手して六カ月後、同社はわずかながら黒字に転じた。

ここでスローンが学んだ大切なことは、活発な対話は理解を深めるということ、そして従業員同士のぶつかりあいは、会社全体にとって有益でもありうるということだった。

GMとの出会い

一八九九年、ハイアットはインディアナ州ココモにあるエルウッド・ヘインズという会社から車軸受用のボールベアリングの発注を受けた。ヘインズは、ガソリンで動く最先端の機械「自動車」の製造を手がけていた会社である。

そこから十八年ほど後には、ハイアットは当時急成長中の自動車市場に車軸用ボールベアリングを供給するメーカーとしてトップクラスの業績を上げるまでになっていた。洞察力に優れ勤勉なスローンは、この新たな産業の成長は、まだ当分のあいだ限界に達することはないだろうと考えていた。価格が下がれば、車を購入するアメリカ人は増えるだろう。スローンがそう思う根拠はいくらでもあったし、そしてその予測は現実となった。実際スローンがGMの経営の中枢部に加わった一九二一年とアメリカの株式市場が暴落した一九二九年を比べると、自動車の生産台数は百四十万台から四百五十万台へと三倍に増加している。

しかし、ハイアットはある重大な問題を抱えていた。製品の大部分の納入先がウェストン・

モットという車軸メーカー一社に限られていたことである。そして、一九〇六年、自動車メーカーの一つであったビュイック社が、そのウェストン・モットをミシガン州の自社工場の隣に誘致した。車軸メーカーが隣にあれば、ボールベアリングの納期を大幅に短縮できるし、ディーラーからの注文にも迅速に応えることができるからだ。さらに一九〇八年、ビュイックはGMグループの傘下に入り、ウェストン・モットの株式を四九%購入するに至る。

スローンは、ウェストン・モットの二大顧客であるGMかフォードが、ボールベアリングを自前で製造する日が来るのではないかと危惧した。当時の自動車市場はこの二社による寡占状態であり、両者が自社生産を始めれば、ハイアットは大きな工場と激減した売上とともに、ニューアークに取り残されてしまう。

ハイアットは典型的な共同経営の小さな会社だった。基本的にはスローンが経営の大半を一人で切り回し、スティーンストラップが営業を担当していた。スローンの自伝には、営業部長と意見が対立した話は出てこない。最終的な意思決定は明らかにスローン一人に委ねられていた。

追って一九一六年、スローンはハイアットをGMに売却することで将来の憂いを解決した。ハイアットは、GMがカーアクセサリーメーカー数社を合わせて設立した子会社ユナイテッド・モーターズ・コーポレーションの一部となった。フォードかGMがボールベアリングの自社生産を始めていたら斬り落とされていたであろうハイアットの首を、スローンはこうしてうまくつないだのである。

もっとも、スローンは自らハイアットを身売りしたわけではない。逆に、自動車業界のパイオニアであり先見の明のあったGM社長ウィリアム・デュラントから、ハイアットの株を買いたいという申し出を受けたのだった。デュラントは、自動車部品メーカーやアクセサリーメーカーを買い占めて独占的にGMに納品させようという、当時としては画期的で素晴らしいアイディアを持っていた。そしてハイアットに加えて、デイトン・エンジニアリング研究所（DELCO）、レミー・エレクトロニック、ジェイゾン・スティール・プロダクツをはじめとする部品メーカーを買収した。

こうして新しく設立されたユナイテッド・モーターズという会社の社長に、デュラントは当時四十歳だったスローンを任命した。これによってスローンは複数の部門を運営し、各部門責任者を直属の部下として持つ機会を与えられた。彼は生まれて初めて自分が主宰するささやかな役員会を持った。そして、かつてはそれぞれ中小メーカーの社長だった役員たちと仕事をするうちに、彼らも自分と同じように経営トップとしての意思決定を下しているのだと認識するようになる。

独裁経営時代の終わり

人生において二度GMのトップの座に就き、二度その座を追われたウィリアム・デュラント。彼はヘンリー・フォードと並んでアメリカ自動車史上に名を残す重要なパイオニアである。彼は生まれついての営業マンであり、周囲と相談したり事実を精査したりすることなく即断する経営者で、株式投資に目がなかった。一つの自動車メーカーが複数のブランドを持ち、さまざまな車種を販売するという現在のシステムができたのは彼の功績だ。

しかし、近代企業についてのスローンの革新的で先見性に富んだ概念は、デュラントの経営スタイルに対する失望と苛立ちから生まれたといっても過言ではない。直感的な経営を行うGM社長デュラントは、子会社社長スローンの苛立ちの種となった。その苦悶が時を経て、燦然と輝く経営理念として結実することとなる。

スローンは機会あるごとに、意識して反デュラント的な経営や組織運営に努めた。デュラントは創造力のある人物だが経営能力は持ち合わせていないとスローンは確信していた。そして秩序立った経営管理なしに統治するには、GMという組織は大きくなり過ぎていた。

同僚や競争相手に関する不満を滅多なことでは活字に残さなかったスローンだが、デュラントについては慎重に言葉を選んで以下のように書き残している。彼と仕事をするようになってすぐの頃の感想だ。

「ユナイテッド・モーターズの社長となって以来、デュラント氏の多くを見てきた。そして彼の豪胆な決断の仕方には度肝を抜かれることが多かった」[3]

実際にデュラントは、コストや実現性を度外視した、衝動的ともいえる、それでいて素晴らしい多くの決断を下している。彼にはさまざまな発明家を見出し、必要な資金、工場、設備を提供する天賦の才があった。たとえば、自分なら磁器を使ってもっと質のよいスパークプラグを

[3] Sloan, 前掲 *Adventures of a White-Collar Man*, p.103.

作れると豪語する若者が、デュラントに面会を求めてやってきたことがある。アルバート・チャンピオンというその若者は、フランス人のレーシングカー・ドライバーだった。話を聞いたデュラントは即断で資金を捻出した。チャンピオンはその金を元手に、瞬く間にこれまでにない優れたスパークプラグを完成させたのだ。そのメーカー、ACスパークプラグ・カンパニーは、一九二五年にGMによって完全買収されている。

しかしながら、デュラントが自分の周りを友人やイエスマンで固めていていることが、スローンにとっては不満だった。自分が社長になったとき、スローンはそのような経営方法を断じて容認しなかった。

デュラントの無計画な経営スタイルにスローンがショックを受けた典型例が、GMの新社屋建設用地についての会議での出来事だ。その会議のかなり前から、デトロイトのダウンタウン地区に候補地を探すことが既定路線になっていた。しかしスローンは、ふと思い立って別の提案をしてみた。「オフィスは市外に建てたほうが安くあがるし、郊外に住む従業員にとっても便利なのではないでしょうか」。スローンは、ハイアット・ローラー・ベアリングをニュージャージーからデトロイトに移転した際に、そのあたりの問題をよく研究していた。

この件は私の責任事項ではなかったので、私はためらいがちに自分の意見を口にした。
「なぜダウンタウンの高い土地代を払うのですか？　税金だってダウンタウンの方が高いですよ」

デュラントは答えた。

「次回デトロイトに行くとき、君が推薦する候補地をみんなで視察してみよう」

そして、視察を終えたデュラントは、その土地を買うよう私に指示を出した。実に彼らしいやり方だった。

「値段についてはよろしいのですか？」と私は尋ねた。

「経理に言って必要なだけ払いなさい」[4]

結局その土地にGM本社が建ったわけだから、この移転は歴史的に重要な意味を持っていたのだが、デュラントはまるでゼムクリップを一箱注文するように無造作に決めてしまった。フォーチュン一〇〇に入るような企業が、新社屋の立地場所ほど重大な決定を、不動産市場や税金、立地条件やその他いくつもある変動要因を分析もせずに下すなど、今日では理解しがたい。計画の初期段階に広く多様な意見が求められることもなく、各候補地の可能性を分析した報告書が作成されることもなく進行するなど、想像もできない。

デュラントの経営スタイルと独断専行のやり方は、寡黙なスローンをいく度となく混乱に陥れた。デュラントは、部下や調査やマーケティングリポートからの情報や参考意見を求めたことはなく、さらには経営判断を下すためのまともな委員会さえ設置せずに経営を行っていた。

GMは企業買収を重ね、急速に成長していたが、ユナイテッド・モーターズの社長としての長い年月のなかでスローンは、デュラントのワンマン経営ではやって行けなくなる日がいつか

[4] Sloan, 前掲 *Adventures of a White-Collar Man*, p.114.

来ると確信するに至った。デュラントは普段から他の幹部に意見を求めることはなかったし、いったん決断を下したら決してそれを翻すことはなかった。しかし、スローンには、「GMはワンマン体制で経営するには大きくなりすぎた」[5]と思えた。

スローンがGMで出世の階段を登っていったとき——そして一九二〇年にデュラントが二度目に社長の座を追われたとき——、スローンが最初に掲げた目標の一つは、社員が反対意見を持つことを奨励し、それを表明できるシステムを作ることだった。スローンは「スローン派」のイエスマンに取り囲まれることを激しく嫌った。彼の目標は全員が発言の機会を得られるようにGMを民主化することだった。ウィリアム・デュラントがGMを去った瞬間、独裁経営時代は終わりを告げた。

新しい時代が来るとスローンは自由な意見交換を基盤とするGM再建プランを導入した。一九二〇年、GMの新社長ピエール・デュポンは業績が低迷していたシボレー★事業部を清算するか否かの決断を迫られていた。スローンは会議のスケジュールを確保して事実を提示し、彼特有のスタイルで進言した。この時のことを彼はこう記している。

「私たちは彼（デュポン）に、キャデラックやビュイックよりも値段が安ければ車を買いたいと思っている消費者はまだたくさんいるという事実を強く主張した。私たち（GM）が他社（フォード）に勝てないと考えているならばそれは侮辱であり、これはひとえに能力と努力の問題なのだと述べた」[6]

社内で異議を唱えることは今でこそアメリカ企業の構造の一部となっているが、その慣習は

★ GMの最も安価な製品ラインであった

[5] Sloan, 前掲 *Adventures of a White-Collar Man*, p.106.

このスローンとデュポンらとの緊迫した対立意見の応酬から始まった。そしてこのとき、積極的に率直な提言を行ったスローンの態度こそ、後に彼の経営理念のもとで繁栄を続けたＧＭの大きな特徴となる。

意見衝突を乗り越えたときに

シボレー事業部の一件の後、アメリカ自動車史上最も有名な論争である、空冷式エンジンと水冷式エンジンに関する戦いが生じる。ここでスローンは、社長デュポン、ならびにＧＭの誇る天才発明家チャールズ・ケッタリングと激しく対立する。

チャールズ・ケッタリングは、一九一八年には空冷式エンジンの実験を始めていた（ＧＭではマーケティングを意識して「銅冷式」という高尚な呼び方を採用していた）。これは当時の業界で標準使用されていた水冷式エンジンに取って代わるものだった。水冷式エンジンは複雑な配管システムと絶え間ない給水を必要とする。空冷式のほうが図面上では効率的でコストも低く抑えられそうに見えた。どの事業部でも空冷式エンジンの実用化を心待ちにしていた。

だが、空冷式エンジンをテストできるようになる何カ月も前から、スローンは疑念を抱いていた。抜本的なシステムの変更に際してはまず試験を行い、それから一番値段が安いシボレーから始めて、徐々に他の製品ラインに導入すべきだと彼は主張した。スローンは闇雲に前進することに冷ややかであったし、性能が確認されていない新型のエンジンについて多くの疑問を

[6] 同書 p.140.

抱いていたのだ。しかしスローンも一員であった当時の経営委員会のメンバーの大半は、猛スピードで突き進むことしか頭になかった。

さらに、この件はケッタリングを代表とする研究所がGMの一事業部（この場合はシボレー事業部）の幹部たちに直接働きかけて進めた初のプロジェクトだった。この件においてはどちらの決定が優位に立つのか？　研究所か？　それともシボレー事業部か？　経営委員会でその問題が解決されていないことにスローンは気づいていた。また、いまここで経営委員会をして水冷式エンジンの生産中止を決めさせることになれば、社内は大混乱に陥るだろう。

現実家のスローンから見れば、実用性が確認されていない段階の新型エンジンで賭けに出るという行為は、一企業として負うべきリスクを超えていた。さらに、そうした一連の経営判断は、スローンが推し進めてきた経営方針と相容れないものだった。

「経営という観点から言えば、我々は原則から逸脱した行動を取っていた。つまり企業としての大きな目的を差し置いて特定の工学設計に心を奪われていたのだ」[7]

ここでいう「企業」とは複数の事業部からなるGM全体を指す。またここでいう「原則」とは彼が慎重に練り上げた『組織研究』のことである。スローンはデュポンが自分の意見に同意しないことに苛立ちを覚えていた。スローンはデュラントの独裁体制下で何年間も、反対の声を荒げることなく働いてきた。そして彼にはそんな報われない経験を繰り返すつもりはなかった。

ケッタリング考案の空冷式エンジンを搭載して行った初回テストは大失敗に終わった。テスト結果を手にスローンは反対運動を始めた。

[7] Sloan, 前掲 *My Years with General Motors*, p.80.

簡潔かつ事実をふんだんに取り入れた説得力ある意見書が彼の武器だった。彼の意見書は実に明晰で、論理性、一貫性、説得力の点で群を抜いている。また、合意事項や決定事項を明文化し、議論の記録をしっかりと残した。決定事項は周知徹底されるよう計らった。

結局、新しいシボレーへの空冷式エンジン搭載は大失敗であることが判明し、シボレー事業部は一九二三年の夏には空冷式エンジン搭載車をすべてリコールした。スローンの終始一貫した反対意見に説得され、とうとう経営委員会は空冷式エンジンの製造中止を決定することとなった。

しかし、自分が発明した空冷式エンジンが棚上げにされたことにケッタリングは激怒した。彼には自分がチームとともに研究を続ければ必ず実用化にこぎつけられるという絶対の自信があった。それまでの苦労が水泡と帰したことに憤慨して、ケッタリングはGMに辞表を出し、空冷式エンジンに関する技術を他の自動車メーカーへ持ち出す許可を願い出た。

スローンはケッタリングを深く尊敬していた。自動車産業の形成期には、ごく一握りの天才や科学者が、急成長を遂げる自動車業界の最先端を走っていた。ケッタリングはその頂点に立つ男だった。たとえば一九一一年に電気点火装置を発明したのはケッタリングとクライド・コールマンだった。それはエンジンを始動させる電気モーターで、それまで使われていた手間のかかる手動クランクに取って代わるものだった。

社内の大きな対立で敗北した側をどう処遇するか。ここにもスローンの特筆すべき判断が見られた。論争上の勝利を決して個人レベルの事柄にしてはならない。対立が個人攻撃に発展したり、スローンと空冷式エンジンに賛成した人々との間にわだかまりが生まれたりしてはならないのだ。そのような考え方を持つスローンにとって、次になすべきことは明確であった。「私の課題は、ケッタリング氏の当然の反発と空冷式エンジンに対する熱意を、いかにして現実と折り合わせるかということだった」[8]

スローンはその課題を最終的（二年後）にケッタリングを、GMの研究部門を拡張してデトロイトに新設したデイトン・エンジニアリング・ラボラトリーの所長に据えることで解決した。彼はケッタリングに、GMの社内や財務の誰からも束縛されることなく豊富な資金を使って自動車関連の研究に没頭できる立派な研究施設を与えようと申し出た。潤沢な資金、工場、設備、人材を提供して冒険的な研究を支援する。発明家であれば誰一人断ることができないような自由裁量権を提示してケッタリングを持ち上げたのだ。ケッタリングはその申し出を受けた。

さらに、ケッタリングが研究スタッフとともにデトロイトへ来やすいように、スローンは彼に十二万ドルという報酬を提示した。これは当時スローンがGMで受け取っていた報酬よりも二万ドル高い額だ（また、スローンのことを「アルフレッド」と呼ぶことができたのは、ケッタリングとウォルター・クライスラーのみだった。その他の者はみな「ミスター・スローン」と彼を呼んだ）。

これによってケッタリングはGMとの絆を強めた。スローンはいつもどおり約束を守った。ケッタリングは好きなことを研究する自由を与えられた。スローンが下したこの決断から二十世紀の偉大な発明が二つ生まれた。一つはエチルガソリン、もう一つは冷蔵庫用のフロンガスだ。ともにケッタリングの研究室で発明され、GMに数百万ドル単位の利益をもたらした。

[8] Sloan, 前掲 *My Years with General Motors*, p.89.

こうしてスローンとケッタリングのパートナーシップはエンジンをめぐる戦いを生き抜いた。スローンは反対意見を尊重するポリシーを貫いて、エンジン論争についてはあらゆる立場からの発言を許した。ケッタリングが会社にとって、過去においてそうであったように、未来においてもかけがえのない科学者であることを見抜いたところに、経営者としてのスローンの際立った才能が表れている。スローンは不満をくすぶらせていたケッタリングと研究チームをなだめるスマートな方法を見つけたのだった。

なお、後の一九四五年、高額の報酬とGM株の保有によって巨額の財をなした二人の男が画期的な医療コンセプトの実現に乗り出したことも付言しておこう。ニューヨーク市にあるガン研究センター〈スローン・ケッタリング・ホスピタル〉の設立だ。

スローンは、事実を拠り所にして反対派の心を動かし、大きな対立を乗り越えて勝利をおさめた。その際には反対派が言い分を述べる機会を会議やレポートの中で十分に与えた。そして勝者となった後は、ただちに天才研究者との関係を修復したのである。

一社員が救ったキャデラック

一九三〇年代までにスローンの経営システムは十分に確立され、社長が異議の表明を奨励していることは社員たちに浸透していた。そのため中間管理職は職を失う心配をすることなく、経営のトップレベルに対してでさえ異なる意見を述べることができた。

反対意見にまつわるエピソードのなかでも最も印象深いのは、一九三〇年代に売れ行きが低迷した高級車キャデラック（Cadillac）の製造中止が取り沙汰されていたときのことだ。キャデラックの販売台数は一九二八年には過去最高の四万一〇〇〇台に達していたが、それから四年間は落ち続け、国全体が大不況に苦しんでいた一九三二年には、たったの九一五三台に落ち込んだ。

当時の高級車市場でキャデラックの最大の競合だったパッカード・モーターズは大衆路線に転向し、自社製品ラインナップの中で最高価格だった車の製造を中止した。ＧＭも、キャデラックの生産を大幅に縮小し、低価格帯でパッカードと争うという選択肢も考えられた。

一九三二年、ＧＭはキャデラックの製造中止を決定するための経営委員会を開いた。キャデラックはアメリカの自動車史上からおそらく永遠に姿を消すことになるはずだった。役員の大半には、将来に備えてキャデラックというブランド名だけでも残しておこうという考えさえなかった。

社員からの率直な提案を受け入れるスローンの経営方針によって、ニコラス・ドライスタッドというキャデラックのエンジニアが役員たちの前で意見を述べた。話のテーマは「いかにして十八カ月でキャデラックから利益を出すか」。

ドライスタッドは、キャデラックはＧＭ車の中でもステータスシンボルそのものであり、ビジネスで成功をおさめた男性が買うブランドであることを訴えた。また、彼は役員の誰もが知らなかった事実を指摘した。キャデラックは特に、裕福な黒人男性のステータスシンボルになっているというのだ。GMは他の自動車メーカーと同様に、黒人を販売対象にはしていなかった。黒人が住んでいる都市部や町にGMの特約店はなく、黒人がキャデラックを手に入れたければ白人の友人に頼んで代理購入してもらうしかなかった時代である。

ドライスタッドはこのときの役員たちとの議論の内容を覚えていて、何年も後にピーター・ドラッカーに語っている。

役員の一人が言いました。

「ドライスタッド君、分かっているだろうな。もし失敗したらGMには君の仕事はなくなるぞ」

「もちろん承知しております」と私（ドライスタッド）は答えました。

「いや、それは違う」スローンさんがぴしりと言いました。「もし失敗したらキャデラックでの仕事はなくなるだろう。キャデラック事業部自体が消えるのだから。しかしGMが存続するかぎり、そして私がこの会社を経営するかぎり、責任感があって率先して働く勇気と創造力を持った人間には必ず仕事はある。君はキャデラックのことだけを心配してくれ。GMにおける君の将来について考えるのは私の仕事だ」[9]

キャデラックは利幅が大きく、販売台数が少ない車だった。したがって販売台数が少し増えるだけで損益バランスが変わる可能性を持っていた。黒人への直接販売を増やして目標を達成

[9] Drucker, 前掲 *Adventures of a Bystander*, p.279.

するために、役員会はドライスタッドに十八カ月の時間を与えた。黒人に販売するというこの試みは、アメリカ自動車産業史における初のニッチ市場へのマーケティング例といえる。

結果、ドライスタッドの指揮のもと、一九三四年までにキャデラックの売上は一万一四六八台までに回復し、一九四一年までには六万〇〇三七台という最高記録を打ち立てた。一九六二年までには十六万台近くを売り上げるようになり、米国製高級車として傑出したステータスを確立した。スローンは一九三二年に下した決断を満足な気持ちで振り返ることができたにちがいない。

キャデラックは一九二〇年におけるシボレーと同様、反対意見によって救われた。スローンが異なる意見を聞くことにこだわったから救われたのだ。

将来を共創する

社内の各部門においてコンセンサスをとる最良の方法は、異なる部署の重要人物がすべて出席できるように会議スケジュールを組むことだ。多くの者を同席させ、全員があらゆる観点の考え方やその理論的根拠を学べることが大切だとスローンは主張した。

一九二三年、スローンは各自動車部門に、技術、製造、販売やマーケティングの担当者たちが集まって定期会合を開くよう指示を出した。そうすれば、技術者が新しい機能を加えたいと考えたとき、製造の実現可能性を製造担当者から直に学ぶことができるし、新機能追加によるコストアップの販売面への影響について営業担当者に聞くこともできる。ここにはスローンがケッタリングとのエンジン論争という辛い経験から得た教訓が生きていた。「私たちが苦い経験を通して学んだように、スタッフとラインの連結は決定的な重要性を持つ。銅冷式エンジンにまつわる経験は、その連結がたった一つでも戦場と化したら会社全体がどれほど麻痺してしまうかということを示していた」[10]

彼はGMを分裂させるかもしれないような争いごとを二度と起こしたくなかった。それに加えて彼自身のプライドの問題もあったかもしれない。『組織研究』が認められたことを受けて、それが机上の空論ではなく実際に使えるものであることを証明したかったのだろう。

スローンは必要を感じればすぐに臨時委員会を設置した。そしてそれに意思決定能力を持たせ、その決定に、権威を持たせた。

事例❶コカコーラ：ニューコークの迷走

一九八〇年代半ば、コカコーラ社はニューコークをめぐるマーケティングに失敗した。これは、社内の意見の不一致が会社を苦しめた典型的な例である。ニューコーク——従来とまったく異なる新しいコーラの展開の経緯を振り返ると、初期段階（商品企画）においても、中間の段階（市場投入、拡販）においても、そして最終段階（生産打ち切り）においても、社内の意見はばらばらのままだったのである。

[10] Sloan, 前掲 *My Years with General Motors*, pp.99-100.

二十年間にわたってペプシが若者をターゲットに行った「ペプシ・ジェネレーション」広告の結果、一九八一年までにコカコーラとペプシとの差はわずか五％までに縮んでいた。コカコーラのわずかなリードは、マクドナルドをはじめとするファストフードのフランチャイズ店で独占的に取り扱ってもらっていることによって膨らんだ数字だった。スーパーマーケットにおけるパッケージ商品として見れば、コカコーラのシェアはペプシより二ポイント下回っていた。コーラの下降は、「ペプシ・チャレンジ」の広告によってさらに加速された。それは、コーラファンに両製品の味比べをさせてペプシのほうがおいしいと認めさせるという、まさに正面切っての攻撃だった。

アトランタ州にあるコカコーラ本社では経営陣が苛立ちを募らせていた。シェアの低下を食い止める画期的な販促活動、マーケティングまたは広告キャンペーンを打つ必要がある。具体的な方策をとらないと、アメリカのソフトドリンクにおける第一位の座は早晩ペプシに奪われることになる。シェア一ポイントの下降は数百万ドルの売上損失を意味していたから、コカコーラの経営への打撃は相当なものとなるだろう。

危機を脱出するために彼らはとんでもないことを考え始めた。コーラの製法を変えようというのだ。もちろん彼ら自身も最初はこれを突拍子もないアイディアだと思った。コカコーラといえば、あらゆる商品の中で最も「アメリカ的」なものだ。真っ赤な地色に世界中が知っているあのロゴと、曲線を描く瓶——世界一有名なトレードマークと言っても過言ではない。「ベースボール」と並んで、究極のアメリカンシンボルだった。

なぜあえてそんなことをする必要があろうか。そこまで極端なことをしたらどのような結果が待っているだろうか。変わらぬことが魅力でありつづけたコーラを、「新しく、よりおいしくなりました」と言って別のものにしてしまうことが、本当にプラスになりうるだろうか。

しかし、不振は続いた。一九八一年には二四％あったシェアが一九八四年には二二％に下がっていた。不振の数字を反対派への武器にして、経営陣は製法変更について検討した。一九八二年にダイエットコーラを立ち上げた優秀なマーケティングマネジャー、セルジオ・ジーマンがプロジェクトを任された。現実的な問題が反対意見よりも優先されたのだ。甘みを増した新しい製法が考案された。一説によれば、通常使われる人工甘味料のアスパルテームではなく、本物の砂糖が使われていたという。評価テストではペプシよりも好まれた。

とはいえ、もとのコーラの製造を中止して新しいコーラを発売することへの反対意見は強かった。伝統にこだわる社員からは、百年間も愛され続けてきたコーラをやめれば会社にとってマイナスイメージになるとの懸念の声が上がった。しかしCEOのゴイズエタには、当時の状況下で新旧二つのコーラを展開する選択肢はないことがわかっていた。しばらく前に投入したばかりのダイエットコークとチェリーコークによってボトラー各社が既に十分な負担を負っていたからだ。

もとのコーラが店頭から姿を消し、〈ニューコーク〉が投入された。だが、大衆はそれを以前のコーラの出来損ないとして拒絶した。新製品の事前テストや定質的・定量的調査が明かしてくれなかった事実が一つあった。アメリカ国民は長いあいだ愛してきた飲み物に、市場から消えてほしくはなかったのだ。ニューコーク投入からたったの七十九日後に、コカコーラ社は昔のコーラを〈クラシック・コーク〉として全国の店の棚に戻すはめになった。

最終的には国民の反対意見が結末を書き換えた。ニューコークはその後数年間、何らかの形で継続され、最終的には〈コークⅡ〉となった。皮肉なのは、絶滅の危機をきっかけとして、コーラファンがかつてよりも忠実になったことだ。そして時とともに、もとのコーラの市場シェアは回復した。若者をターゲットとしたペプシの燦然と輝いていたオーラが色褪せはじめると同時に、「コーラよりもおいしい」というそのイメージもしぼんでいった。

ニューコークに対するマスコミの反応――大半は否定的なものであったが――は、コカコーラ社に数百万ドル単位の無料宣伝を提供してくれた。アメリカ中の国民がテレビや新聞、雑誌でコーラに関するストーリーを目にした。皮肉にもそのおかげで、コカコーラ社の市場シェアは回復しはじめたのだった。

またここで留意すべきは、空冷式エンジンのときのスローン同様、ゴイズエタは異を唱えたり失敗したりした者を誰一人クビにしなかったことである。実際には翌年に株価が上昇し、ゴイズエタとその仲間たちは巨額のボーナスを手にした。もしゴイズエタが関係者をたとえば全員解雇していたら、社員（そして世間）に向かって、コカコーラでは「リスクを冒しても嫌な顔をされるだけ」、「反対意見は歓迎されない」というメッセージを発してしまう結果をもたらしたことだろう。

事例❷マリオン・ラボラトリーズ：進言の条件

一九五〇年にマリオン・ラボラトリーズを設立したマリオン・コーフマンには大切にしている経営信条があった。自宅の地下室で起こした小さな製薬会社を一九八九年にメリル・ダウと成功裡に合併するまで育てることができたのはそのおかげだ。コーフマンは社員を決して「従業員（employees）」とは呼ばず、常に「仲間たち（associates）」と呼んだ。

現場で働く「仲間たち」との間に暖かく偽りのない関係を築けるコーフマンのような経営者はまれである。社員を友人のように大切にする彼の経営スタイルへの感謝のしるしとして、社員はコーフマンを「ミスターK」と呼んだ。

気さくな雰囲気のある社内で、コーフマンはあるユニークかつ重要な条件つきで反対意見を述べることを奨励した。それは、仲間たちも取締役たちも「上に向かってのみ」苦情を申し立てられるという条件だ。コーフマンはこの進言制度を「エスカレーティング」と名づけた。これによって不満や苦情が表明しやすくなり、同レベルの社員間階層ごとに蔓延していた愚痴も減ったのである。

コーフマンは営業をしていた若い頃、嫌というほど同僚の愚痴を聞かされた。それでいて、クビを覚悟で上層部に堂々と意見を言える同僚はほとんどいなかった。反対意見は会社の最下層に沈殿し、生産的な変化が起こる望みは皆無だ。コーフマンは、理にかなった反対意見は会社に良い変化を与えるかもしれないこと、そして意思決定者、つまり苦情を言っている人間より上の立場にいる人間だけがその変化を起こせることに気づいたのだ。

コーフマンのポリシーは常に「異なる意見があることを認めあう」ということだった。彼は誰か一人を悪者にすることは決してなかった。そして異議を唱えるための社内的な仕組みを整備したのである。リーダーとしてのスタイルは異なっていたが、スローンとコーフマンは社内の反対意見を奨励し、耳を傾ける点においては同じ考えを持っていた。そして両者とも、それにより良い結果を生んだのである。

事例❸米軍：命令系統のバイパス

米軍には最上級から最下級のレベルまで一貫した指揮系統が敷かれている。これは命令や決定事項を伝える上で有効な手法だ。

反対意見や不満を表明するには、軍隊用語でよく言われるように「指揮系統を下から登っていく」ことになる。つまり不満を持つ人間は、まず自分より一つ上のレベルにいる人物のところへ行き、次のレベルに上げるよう要請する。しかし、不正や大きな問題が最初のレベルでストップしてしまうことがままある。指揮系統の階段を登ってゆく許可が得られなければ、不正や苦情もそのレベルで潰えてしまうのだ。

一九六〇年代に米軍は、苦情を持つ新人兵士が上官と直接対峙するこのシステムでは苦情が言いづらいことに気づいた。そこで兵士たちに指揮命令系統を何段階も飛び越して、法務総監に直接かつ内密に話をするチャンスを与えるという方法をとった。兵士たちは月に一度、軍の弁護士が待機する法務総監室への出入りを許された。この制度はめったに使われなかったが、そういう制度があるという認識が、軍隊の中で不満のはけ口としての役割を果たした。

意見を聞いてもらえる場があれば、従業員の不満は滅多に爆発しない。よく行われている方法は、従業員に「こうすればもっと会社がよくなる」を思う方法を提案してもらうシステムを作ることだ。スローン時代のＧＭにそのような正式な提案システムはなかったが、彼が反対意見の表明を奨励していることは浸透していたため、社員は自分たちが提案できることを知っていた。その実例である空冷式エンジンやキャデラックが生き延びたストーリーは、長くＧＭに語り継がれている。

事例❹ハインツ：新製品の頓挫

第二次世界大戦中にアメリカ政府は、ハインツ・カンパニーのスープ工場をグライダー用のプラスチック部品の製造工場に変えた。その結果、戦時中はキャンベルが国内における主要なスープ会社となり、終戦後もアメリカのスープといえばキャンベルという状況が続いた。キャンベルの赤と白（〈ビッグ・レッド〉というコーネル大学のフットボールチームからとった配色）の缶がスーパーマーケットの棚を占領し、ハインツの商品が並ぶ余地はほとんどなかった。

それから二十五年間、ハインツは失ったスープのシェアをキャンベルから奪い返そうと努力したが実らなかった。キャンベルのシェアは七五％から八〇％までに拡大し、ハインツは残りのシェアをローカルブランドと分け合うしかなかった。

ハインツがシェア奪還のために打ち出した最初の革新的な試みが〈ハッピースープ〉という子供向けの商品だった。缶にはディズニーのキャラクターが描かれていて、スープの中には面白い形をした固形物が入っている。子どもたちが気に入ってくれるだろうし、缶自体も注目を集めるだろうという発想だった。しかし社内には、この商品に懐疑的な意見も多かった。実際、センスの良いテレビコマーシャルも打ってはみたものの、この商品は結果的には期待したほどには顧客の興味を引かず、失敗に終わった。

一九六〇年代の後半になると、これからはもっと贅沢な材料を使った高価格で大きいサイズの缶詰スープが売れるのではないかとハインツは考えた。そして〈グレート・アメリカン・スープ〉という新商品を立ち上げた。ラベルは青地に白い星と赤い文字を配したアメリカ人好みの愛国的なデザインだ。

新商品の広告は、ハインツ・ケチャップに「スローなケチャップ」というキャッチフレーズをつけて成功をおさめたドイル・デイン・バーナックという広告代理店に任された。しかしそれから数年間、〈グレート・アメリカン・スープ〉の売上が目標に届くことはなかった。社内では、このブランドをどうするかが議論された。そして下された決定には全員が驚いた。ブランド認知度を上げるために、スタン・フレバーグというコメディアンに広告を任せるというのだ。〈グレート・アメリカン・スープ〉の広告をフレバーグに頼んだらとんでもないことになる、と社内の担当者からは反対意見が噴出した。というのも、フレバーグは、ジェノズ・ピザやチュンキング（重慶）という中華の冷凍食品についてユーモラスな広告を作って大成功した実績はあったが、彼は広告に関して全権委任を要求することで知られており、ハインツに対しても、絵コンテを見せることや、広告プランを話し合うことさえ拒んでいたからである。

　結局、社内の反対意見を押し切る形で、ハインツはフレバーグに百万ドル（当時としては莫大な金額）で広告制作を依頼した。

　そのテレビコマーシャルは、人気ハリウッドダンサーのアン・ミラーが高さ二・四メートルの〈グレート・アメリカン・スープ〉缶の上でダンスナンバーを踊り、その周りを、勢いよくほとばしる噴水、オーケストラ、足を高々と上げてステップを踏むコーラスガールたちが取り囲むという大掛かりなものであった。ミラーが軽快なステップでキッチンへ入ってくると、うんざりしたように夫が尋ねる。「どうして毎回そんなに派手な演出をしなけりゃならないんだい？」

　記憶に残るコマーシャルではあったが、商品広告としては役に立たなかった。ほとんどの人がスターに目を奪われて、スープの広告であることに気づかなかったのだ。つまり、ハインツ社内の反対派が正しかったということである。

　初めから誰かが反対意見に耳を傾けるべきだった。莫大な費用をかけたコマーシャルは〈グレート・アメリカン・スープ〉の弔いの鐘となった。ハインツは既存ブランドのスープの製造に力を注ぎはじめた――それこそ反対派が何年間も提言してきたことだった。

感情的対立を超えて

反対派が行き過ぎることもある。仮に主張が正しかったとしても、熱くなり過ぎている人間に対して、どのように対処したらよいだろうか。

その答えをスローンに尋ねてみよう。第二次大戦後、GMは意識的に国内自動車市場でのシェアを五〇%前後に抑え、連邦政府の独占禁止法に抵触しない方針をとることにした。巨大企業が市場で半分以上のシェアをとれば、政府の調査が入り、会社を二つか三つに分割させられるという現実的な心配があったからだ。

しかしある若いマーケティング担当者が、GMを二つに分割し、別々の会社としてそれぞれが最大限の市場を獲得するべきだ、と激しく主張した。「分割して勝つ」というこの極端な提案は、GMを破滅に追いやる異端の発想だとして社内の長老たちの怒りを買った。

そのマーケティング担当者は周囲からも嫌われた。反逆者に補償金をくれてやってGMから放り出してしまえと唱えた者も大勢いた。しかしスローンはそのような意見には与しなかった。「GMでは意見を述べたことを理由に人を罰しはしない。皆に意見を述べてほしい」[11]

辞めさせる代わりにスローンは、このマーケティング担当者を昇進させて、デトロイトからシカゴにあるエレクトロ・ロコモーティブ部門に転勤させた。ケッタリングが開発した軽量ディーゼル機関車で潤っている部門だった。

「こうすれば、彼はボーナスなどでしっかり稼げるし、まるでGMのトップにいるような気分になれる。しかし、デトロイトに置いておくことはできない。ここできちんとした仕事をするには、彼は私を含めて敵を多く作りすぎた」[12]

スローンは優秀な人材を手放さなかった。そして同時に反対意見を奨励し、公正さを保つという長年守ってきたコンセプトを損なうこともなかったのだ。

スローンの教え「対立の包容」

意見交換を奨励すること、意見をすい上げる仕組みを準備すること、そして反対意見を強く唱える人間に決してペナルティを与えないこと。基本的には、この三つの原則が、異なる意見をすい上げる上での鍵である。

❶意見交換の奨励

スローン時代のGMでは、社内のあらゆる方面から意見を述べることが許され、奨励された。スローンは社員をさまざまな特別委員会に配置したが、各委員会には「活発な議論を通して合意に達すること」が課せられた。スローンのねらいは、各委員会がよく考えを練った上で明確な方針を打ち出すことにあった。

GMの社員は入社してすぐに、この会社では反対意見を述べることが許されているばかりか、必要とされていることに気づいたに違いない。スローンにとって意見の衝突というものは、

[11] Drucker, 前掲 Adventures of a Bystander, p.283.

[12] 同書 p.283.

異なる意見を持つ者同士が理解し合い、合意に至るために一緒に通らなければならない道だったのである。

❷意見をすい上げる仕組み

表明された反対意見を、その場かぎりにせず、それ以降につなげるのに役立ったのが、メモ形式の書面だった。事実関係にもとづくスローンの簡潔な書面は、説得力に満ちた議論の見本であり、GMの重役たちも自分たちの手法として取り入れた。書面には、事前にテーマを列挙したり、後からコメントを書き加えたりすることができたため、会議の前後にも、議論を円滑に進める上でも役立った。

従業員が自由に意見を言えると、社内の雰囲気はオープンになる。そのことを知る多くの会社が、従業員から提案を引き出すためのシステムを作って活用している。たとえば、コネティカット州ミルフォードにあるBICカンパニーでは「勝つアイディア」というシステムを作って社員から提案を募っている。新入社員は六ページのパンフレットを渡され、この提案システムに関する説明と、特にどのような報酬（単なる評価以上のもの）が期待できるかを知らされる。オハイオ州トリードにあるデイナ・コーポレーションでは、さらに踏み込んで、社員に毎月、新しい提案を二つずつ提出することを義務づけている。

❸〝ペナルティ〟の排除

スローンが繰り返し示したように、異なる意見を持つ人間――いかに短気で頑固者であったとしても――の話を聞くのは非常に大切なことだ。しかし、前述の二つは、ペナルティの排除なくしては機能しえない。

会議で議論が白熱したときに場を収めるために、ある中堅コンサルティング会社のCEOは独特の方法をとっている。それは、彼がスペインで闘牛を観戦した際に目にした光景にヒントを得たものだ。

牛は戦いの前に健康かどうかチェックされる。仮に蹄や角に異状があれば、その牛はリングから退場させなければならない。だが、既に激しく興奮している巨大な雄牛を、いったいどうやって安全にリングから出すのだろう。その答えはこうだ。綱でつながれた六頭の雌牛が、大きなベルを首から提げてリングに入ってくる。雌牛たちがベルを鳴らしながらリング内を歩くうちに、雄牛はいつしか歩調を合わせて安全かつ穏やかに、リングから一緒に出て行くのだ。

このCEOは会議室にベルを用意し、意見の衝突が白熱して個人攻撃になったり限度を越えたりしたと思ったら、大きな音でベルを鳴らして熱くなった人たちをなだめているという。

意見の衝突について最後にもう一つ。あるときGM幹部の一人が、会長に向かって異議を唱えた。会議に同席していたスローンを含む他の幹部の多くにはその発言が無責任なものに映った。会議の後、法務部の幹部がスローンに進言した。

「それほどお気に障るのでしたらクビになさればよろしいではありませんか」

「クビにする?」スローンは言った。「ばか言っちゃいかん。やつは仕事ができるんだ」[13]

[13] Drucker, 前掲 Adventures of a Bystander, p.282.

第3章

顧客の心を探る

マーケティングにおけるスローンの功績の一つは、自動車には交通手段という実用目的以上の消費者ニーズがあると見抜いたことだ。フォードがT型フォードを黒一色で安く大量生産したのとは対照的に、スローンはこれからのアメリカ車にはスタイル、色、アクセサリーにおける目立った違いがあるべきだと考えていた。第一次世界大戦後、急速に拡大しつつあった経済を背景に、車のオプションにもっとお金をかける消費者が出てくると彼は確信していた。

競合他社よりも多くのモデルとオプションを提案すれば、より多くの顧客を惹きつけられると考え、スローンは賭けに出た。低所得者層から贅沢のために出費を惜しまない高所得者層まであらゆるタイプの消費者を喜ばせるために、できるかぎり広範な車種を生産することにしたのである。

彼の見方では、自動車市場を大きく変化させる要因は四つあった。

「多くの新たな要素が複雑にからみあって出現し、市場は再び変化を遂げることとなる。それらの要素は次の四点に集約されるだろう。割賦販売、中古車市場、クローズド・ボディ（ハードトップ）、そして年次モデルチェンジだ」[1]

コンシューマリズムの台頭

一九二〇年代は、アメリカの消費社会に変化が始まった時期にあたる。大量生産された商品が安く大量に提供されるようになったのはこの十年間だった。アメリカ型コンシューマリズムはその後世界中へ広がり、今日も拡大を続けている。

それ以前の、巷に商品があふれ出す前の時代では、アメリカの大部分は農村であり、人々に必需品以外の物の購入に充てる金銭的余裕はなかった。人々は自分で衣服を縫い、食物を栽培していた。

それが徐々に変わり始めたのは十九世紀末だ。一八九三年にシアーズ・ローバックがカタログ通信販売を始めた。一九〇〇年代に入ると、雑誌などに商品広告が載るようになった。一九〇四年、製菓会社ジェロがレシピ本を出版すると告知したところ、二十五万件の注文が押し寄せた。もっといろいろな商品を購入し、より質の高い生活をしたいというアメリカ人の願望は

[1] Sloan, 前掲 *My Years with General Motors*, p.150.

着実に高まっていた。

豊かになった消費者が火付け役となり、ビジネスチャンスに満ちた「狂騒の一九二〇年代」が訪れた。アメリカ市民――ただし都市部の住人や都市部に移住した者たちだが――は、デパートで体に合った既製服を手ごろな価格で購入できるようになった。この時代に製造されるようになった掃除機、トースター、蓄音機、ラジオなどの電気製品も手の届く値段で買えるようになった。

アメリカ史上最も初期の経済学者であるソースティン・ヴェブレンは、一八九九年の著書『有閑階級の理論』★において、アメリカ人の消費行動傾向について述べている。全国的な流行語となった「誇示的消費（conspicuous consumption 財力を誇示するための消費）」という言葉をつくったのはヴェブレンだ。所得が激増し、手ごろな価格の商品が大量生産されるようになり、クレジットによる分割払いが可能となった一九二〇年代は、彼の説が現実となった時代だった。

自動車普及の過程

一九二〇年代、自動車もまた繁栄への道を邁進し、売上は劇的に増加した。一九一九年にアメリカの道路を走っていた車は七〇〇万台だったが、一九二九年までには二七〇〇万台に達した。アメリカのほぼ全世帯が一台ずつ車を所有したことになる。一九二〇年には全米で全長約六〇万キロメートルだった道路は、十年後には二三〇％伸びて約一四〇万メートルになっていた。

★ Thorstein Veblen, *Theory of the Leisure Class* (Penguin, 1994).
『有閑階級の理論』ソースティン・ヴェブレン著、高哲男訳、筑摩書房、1998年

ヘンリー・フォードはそうした自動車産業の発展に大きく貢献した。彼の考案した組立ラインによる生産はもちろん、一九一四年に全従業員に導入された一日五ドルの最低賃金制——これは当時のアメリカ人労働者の平均給与の二倍に当たる——も大きな役割を果たした。一九一二年に一台の車を生産するのに要した時間は十三時間だったが、ベルトコンベアー式の組立ラインのおかげで一九一四年には一時間半にまで短縮された。

組立ラインがもたらした革新的な大量生産によって生産は拡大し、大量に生産すればコストを下げられることが証明された。一九二五年には、フォードの新車価格は二九〇ドルに下がっていた。これは平均的なアメリカ人労働者の三カ月分の給与に相当する。二年後にはさらに二六〇ドルにまで下がった。

また一九二〇年代のコンシューマリズムは、クレジット購入と商品予約購入★が発達したことによっても加速された。分割払いは十九世紀にパリのデパートで生まれた方法だ。

アメリカでは、シンガーミシンを支えた販売の天才、エドワード・クラークが一八五〇年代に分割払いを導入した。ミシンには、当時ほとんどの世帯には手が届かない一二五ドルという販売価格がついていた。そこでクラークは五ドルの頭金を支払い、あとは月々三ドル払うという「分割払い購入制度」を始めた。また、下取り制度も考案した。新しい型のシンガーミシンを買いたい消費者に対して、手持ちのミシンを五十ドルで下取るシステムだ。一八九〇年代にはシンガーミシンの値段は三十五ドルに下がっていた。「頭金一ドル、週に一ドル」というのが、

★　頭金で品物を予約し、残額完済後に商品を引き渡す方式

シンガー社のシンプルかつ広く知られるようになった支払いプランだった。

一九二〇年代半ばになると、新車市場における分割払いの拡大の背景に、急速に発展した中古車市場が存在することがわかった。カーディーラーたちは、新しいモデルを売りさばくと同時に中古車をも売る仕組みを作る必要があった。車の購入という夢を達成するための資金をどう工面するか――その答えとしてクレジットという手段を提示したのは自動車メーカーと一部の銀行だった。一九二九年には六〇％以上の車がクレジットで販売され、与信リスクを高く見積もられた購入者の中には三〇％もの金利が課されることもあった。

コンシューマリズムはクレジット販売を背景に発展を遂げた。それは大恐慌の主要因にもなったが、恐慌後のアメリカ経済の前例のない成長も、クレジットに後押しされた面が大きい。

潮目は必ず変わる〝あらゆる目的・あらゆる価格〟

多様な消費者の趣味に合わせてバラエティに富む車を提供しようというGMの決意は、一九二〇年代の多様な品揃えに歴然と表れている。

M&Aを重ね、複数の自動車メーカーの複合体としてのGMを築いたのはウィリアム・デュラントだった。一九〇八～一〇年にデュラントは自動車関連会社を二十五社買収した。一九二三年から始まったスローンの時代を生き延びたのは、そのうちの五社、すなわちシボレー、ビュイック、オールズモビル、ポンティアック（元オークランド）、キャデラックである。

うち、シボレーについてその生い立ちを説明しよう。一九一〇年にデュラントはGMの社長の座を追われた。デュラントは、ルイス・シボレーというエンジニアの才能を見抜いており、軽量の車の設計をめざして彼を支援した。まもなく二人が設立したシボレー・モーター・カンパニーは、すぐに利益を出すようになった。

デュラントはシボレー株との株式交換によって、再びGMの支配権を手に入れようと試みた。やはりGMの大株主であったデュポン・カンパニーからの支援も得て、一九一五年、デュラントはGMの社長に返り咲く。デュラントを再び社長に迎えたこと以上にGMの将来にとって意味があったのは、このときシボレーがGMのラインナップに加わったことである。

一九二三年、株主に向かって「あらゆる予算と目的に合う車」を提供するという戦略を語ったとき、スローンはGMが果たすべき機能と目的を既にはっきり理解していた。

当時社長の座にあったスローンは市場において二つの問題に直面していた。一つはT型フォードが市場の五〇%以上を独占していたこと。もう一つは当時七つあったモデルのそれぞれが価格帯の異なるラインナップを持っており、その価格帯が重なり合っていたことであった。そのためGMのラインナップには似たような価格の車が多すぎ、消費者を混乱させていた。消費者は選択に迷うばかりだ。当時は自動車の広告宣伝も始まったばかりで、実際にディーラーを訪ねてみないことには一つひとつのモデルの違いを見分けるのも難しかった。

スローンは、業績の悪い二つのモデル（スクリップス・ブースとシェリダン）を廃止し、価格セグメントを整理した。これにより、たとえばXドルの予算のある消費者はフルオプションのシボレーを購入できるし、中の上のオークランドに少しオプションをつけて買うこともできる。Xドルにもう二、三〇〇ドル加えてYドル出せば、もっと贅沢なオークランドを買えるし、同じYドルでベーシックなオールズモビルを買うこともできる。価格の違いは主に四本から八本あるエンジンのシリンダー数によるものだった。

モデルを選べること、多様なオプションがあること。そんな画期的なシステムが消費者に示されたのは一九二一年のこと。それが六十年間にわたるGM繁栄の礎となる。

品質についてスローンは明瞭なイメージを持っていた。

「GMは各価格帯の中で最も高価な車を投入するべきである。そして、その価格帯の中で安めの車を買おうとした人が、少し予算オーバーしてでも喜んで買いたくなるような品質の車を作って、彼らを取り込むべきだ」[2]

スローンには、アメリカの消費者が多少の金をかけても内装などをレベルアップして、より見栄えのする車を選ぶ時代がくるという自信があった。また、彼にはもう一つセオリーがあった。ヘンリー・フォードは地方や農村に向けて意図的にシンプルな低価格車（T型フォード）を生産していたが、東海岸育ちで教養ある国際人であるスローンは、自動車がいずれ郊外や都市に住む人々のステータスシンボルとなる可能性を秘めていることを見抜いていた。

もっとも、当時GMの業績は伸び悩んでいた。その問題を彼はこうまとめている。

「内側から見たところ状況はあまり芳しくなかった。規模と、これから相当の成長が見込める

[2] Sloan, 前掲 *My Years with General Motors*, p.67.

低価格帯において当社はフォードに対する競争力を欠いていたし、中価格帯においては自社製品が乱立、重複していた」[3]

だが、他の者たちが停滞と敗北を感じていたとき、スローンはチャンスを見てとった。市場の変化だ。フォードに真っ向勝負を挑めるとスローンは考えた。

「既に確立した地位にあったフォードに挑戦する立場にいたおかげで、変化は私たち（GM）に有利に働いた。私たちにとって変化はすなわちチャンスだった」[4]

一九二五年、GMのエンジニアは新しいデザインのシボレーを発表した。GMはこれを〈K型シボレー〉と命名した。スローンの指揮のもとで設計されたこのモデルには、消費者を惹きつける新しい特徴があった。従来よりも長いボディ、ゆとりのあるレッグルーム、デューコ★1による仕上げ、クラクション、天井部の車内灯、改良クラッチ、リヤ・アクスル（後ろ車軸）などだ。改良され、新たな息吹を吹き込まれたモデルを見てスローンはこう書いている。

「GMはフォードと同じ価格でより充実した内容の車を提供する——世間からそのような評判を勝ち取ることを当社は目的とする。それがシボレー事業部のメッセージだった」[5]

「同じ値段でよりお得」という発想は、自動車業界の消費者マーケティングに生じた変化を象徴している。この革新的な戦略には二つの目標があった。一つはより多くの長所を持つ高品質のシボレーを提供すること。もう一つはT型フォードに狙いを定め、追い落とすことだった。

一九二五年時点でGMのシェアはまだ二位だった。しかし消費ブームに沸くアメリカで自動車の総売上が上昇した一九二四年、T型フォードのシェアは五四％から四五％に落ちていた。

★1 自動車用塗料

[3] Sloan, 前掲 *My Years with General Motors*, p.60.

[4] 同書 p.147.

[5] 同書 p.154.

〈K型シボレー〉が発表されてもヘンリー・フォードが変化の成り行きを占ったり、下降し続けるシェアについて検討したりすることはないだろう、というスローンの読みは見事命中した。アメリカのビジネス界において、一人の天才（スローン）がもう一人の天才（ヘンリー・フォード）に関して、市場の力学の中で彼がどのような行動を取るか（あるいは取らないか）、これほどまで正確に予想したことはないかもしれない。スローンの計画は決して複雑ではなかった。それはK型シボレーとT型フォード間の価格差を縮めることに尽きた。

「私たちはシボレーの改良を重ね、一定の期間内にT型フォードの価格に近づけようと考えた。挑戦者である私たちにとってそれが正しい戦略だった」[6]

必然が生んだ新モデル「ラ・サール」

スローンが次に行ったのは、五つのGMモデル間の、商品が存在していない価格帯を埋めることだった。まずはビュイック6★2（普及車）とキャデラック（最高水準の高級車）の最廉価タイプの間にある二千ドルの差への対策であった。一九二一年を例にとると、一番安いビュイック6が一七九五ドルで、入門者レベルのキャデラックは三七九〇ドルだった。

GMにとって二〇〇〇ドル台の価格帯での競争力を持つことは大いに重要だった。そこは、スタイリッシュで馬力があって、手ごわいパッカード製品によって占められている高級車ゾーンであり、特に二〇〇〇ドル台後半の製品にはキャデラックのシェアを食われていた。また、

★2 ビュイックの6気筒モデル。ビュイック4（4気筒）の上位版

[6] 同書 p.154.

キャデラックには手が出ないビュイックのオーナーたちが、ビュイックより少し高いパッカードに乗り換えることも多々あった。

一九〇四年にパッカードは〈グレイ・ウルフ〉という四気筒のアルミボディのレーシングカーを作った。レース用の車というもの自体、アメリカ人にとっては初めて目にするものだったし、流線型の新しいマシンや想像を越えるスピードで疾走する車を駆る大胆なレーサーにも大きな関心が集まった。一九一九年にはデイトナ・ビーチでパッカードのレーサーが時速二四〇キロという世界記録を樹立し、その快挙がパッカードの名前を広めた。パッカードは高級車セグメントにおいて、美とスタイルの結晶のような八気筒の箱型車の製造に注力していた。

この〝すきま〟の問題をどう解決するか。スローンと彼のスタッフが検討した結果、二つの考えが浮かんだ。一つはより高級なビュイックを製造して二〇〇〇ドル以上の価格で販売すること。もう一つは三〇〇〇ドル以下で投入できるキャデラックを製造することだった。だが、その二つの選択肢のどちらにも消費者に良くない影響を与える可能性があるとスローンは気づいた。消費者はビュイックをキャデラックに匹敵する高級車とは見ていなかったし、キャデラックの最低価格を現行より下げれば、高級車としてのステータスを損なう恐れが十分にあった。

一九二七年にスローンが示した解決法は自動車業界を驚かせた。新しいGM車の開発に乗りだしたのだ。他の自動車メーカーを買収するのではない。GMが設計し、製造し、名前をつける車だ。それが中程度の高級車としてビュイックとキャデラックの間を埋めた〈ラ・サール（La Salle）〉だった。

一九二七年にGMはラ・サールを発表した。八気筒エンジン、クローズド・ボディの四ドアセダンで、パッカードの第五シリーズモデルよりも百ドル高い二六八五ドル。スローンはこうして、以前のGMが抱えていたラインナップの〝すきま〟を、他のブランドに悪影響を与えることなく解決したのである。

きっと「車は見た目で売れる」ようになる

アメリカ車は一九二〇年代に、輸送手段としてのオープンカーから輸送手段と趣味、レジャーの両方の目的を兼ね備えたクローズド・ボディへと変化を遂げた。米国内の自動車産業全体の売上に占めるクローズドの割合は、一九二四年には四三％だったが、三年後には八五％に急増する。スローンはこの変化を「mass（大衆）」から「mass-class（大衆階級）」への変化ととらえた。すなわち、顧客が自分の〝意志〟を持ち始めると考えたのである。

クローズド・ボディの車が増える結果、内装や外観のスタイルがより意識されるようになる。こうした変化をスローンはいち早く察知していた。やがてGMに続いてほとんどの自動車メーカーがクローズド・カーを生産するようになり、消費者がそちらを好んだ結果、T型フォードの売れ行きは急落した。スローンはそのことについて次のように淡々と述べている。

「クローズド・ボディが普及したことによって、フォードは低価格帯におけるトップの座を守りきれなくなった。なぜならオープンボディを前提としたT型フォードについて、フォード氏は開発方針を凍結していたからだ」[7]

一九一九年、ＧＭは車台の製造に優れた技能を持つフィッシャー・ボディ・カンパニーを買収した。この会社は一九〇八年に設立され、その年にキャデラックのために一五〇台のクローズド・ボディを製造した。七人のフィッシャー兄弟は車台の製造に優れた技能を持っていた。うちフレッドとローレンスの二人は後にＧＭの経営委員会のメンバーに就任している。

専門技術を有する熟練者の獲得をねらって、ＧＭはいくつもの賢明な垂直統合買収を行ってきたが、フィッシャー・ボディの吸収もその一つだった。

スローンはローレンス・フィッシャーにラ・サールの設計を託した。パッカードのスピードと洗練に対抗できるスタイリッシュでエレガントな車が求められていた。

フィッシャーは、南カリフォルニア在住のハーリー・Ｊ・アールというスタンフォード大卒のエンジニアに目をつけた。彼は抜群の設計技術を持ち、特別注文のキャデラック用ボディを作っていた。アールはプラスチック製や木製よりも柔軟性に優れた粘土製の模型（クレイモデル）を取り入れて、自動車設計の技術を進歩させた人物だ。

ラ・サールのためにアールは一九二六年にデトロイトにやって来た。自動車デザイナーとして、彼には既存のＧＭ車の外見や設計に一切とらわれることなく実験する自由が与えられていた。彼が手本にしたいと思う車が一つあった。ヨーロッパ製の超高級車〈イスパノ・スイザ（Hispano-Suiza）〉だった。それは自動車デザインの最高峰であり、世界一高価な車としてハリウッド・スター、大富豪、ヨーロッパ貴族やインドの王族たちのお気に入りだった。当時はロー

[7] Sloan, 前掲 *My Years with General Motors*, p.162.

ルス・ロイス（Rolls-Royce）の上をゆく世界で最も高級な車と考えられていた。

そうして、アールが設計したラ・サールをスローンは気に入った。これまでのＧＭ車よりもモダンな雰囲気があったし、パッカード（Packard）に見劣りしないスタイルを持ち、かつ真っ向勝負を挑める二〇〇〇ドル台半ばの価格に仕上がったからだ。歴史的観点からさらに重要だったのは、大量生産の自動車として、ラ・サールは初めてデザイン面から設計された車だったことだ。多くの人がアメリカで一番格好の良い高級車だと考えた。一九二七年にはツートンカラーのボディという画期的なアイディアで、アールはいっそう洗練された華やかさを演出した。

ラ・サールの成功はスローンの考えに変化をもたらした。顧客の需要をさらに高めるためには、既存の五モデルもデザインし直さなくてはいけない。「車は見た目で売れるという市場からの明確なメッセージ」[8]をスローンは受け取ったのだ。

ハイアット・ローラー・ベアリング社にいた頃から、スローンは自動車のスタイルが売上に大きな役割を果たしていると考えていた。この側面になぜもっと高い関心が払われないのか、彼は二十世紀初頭から早くも疑問を感じていたのだ。後に彼はこう書いている。

「エンジニアリング的なアプローチとは別に、スタイリング面に総力を結集して、最高に視覚的な魅力を持った車を作ったらどんなものができるだろう。かねがね私はそう夢想していたものだ」[9]

[8] 同書 p.272.

[9] Sloan, 前掲 *Adventures of a White-Collar Man*, p.184.

スローンの夢はハーリー・アールという人物を借りて実現した。あらゆる点から見てアールはアメリカ車のスタイルの父であり「スタイリスト」と呼ばれた最初の自動車デザイナーである。アールはもともと〈ラ・サール〉プロジェクトのためにカリフォルニアから呼ばれたのだが、彼の才能を見抜いたスローンは、外観デザインのみに専念する部門を立ち上げるという、かつての念願を実現したくなった。「私はアール氏の仕事に深く感銘を受け、彼の才能をぜひとも他の事業部でも生かしてもらおうと決断した」[10]

一九二七年にスローンは、スタイリングの専門部署を設立する計画を発表した。そして「アート・アンド・カラー部門」と呼ばれるこの新部門のトップにアールを推した。自動車のスタイルに関わることのみを扱うために作られた最初の部署の誕生だ。

一九二七年、スローンはアールにヨーロッパ市場を視察させた。スローンの勧めに従って、アールはやがてヨーロッパの著名なカー・デザイナーたちをデトロイトに招くようになる。しかしスローンもアールも、アメリカの消費者が、小さめのヨーロッパ車よりも大きなトランクスペースと馬力を持った大型車を好むということは常に忘れなかった。

スローンは、たった一人の人間（アール）にすべての車種の外見を変える権限を持たせることに反対する社内の意見にも耳を傾けた。一人の人間が全モデルのデザインを担当したら、どれも同じような外観になるのではないかと危惧する重役たちもいた。

GMを担ってきた男たちからはアート・アンド・カラー部門は「美容サロン」になりつつあるという不満も聞かれた。ハンサムで横柄で、派手な身なりのアールには批判が集中した。彼

[10] Sloan, 前掲 *My Years with General Motors*, p.269.

はカジュアルな服装にカウボーイ・ブーツを履き、自分のオフィスに紫色のカーテンをつけていた。生真面目なGM社員たちから大きな不満の声があがったのも不思議ではない。

皮肉なことに、アールが最初にデザインした一九二九年のビュイックは消費者受けしなかった。胴の部分が膨らんでいたため「妊娠したビュイック」と揶揄された。スローンは変化が急激すぎたことに気づき、消費者は大きな変化よりも小さな変化を好むのだと考えた。

スローンは、各事業部の重役たちと接触しやすいようにアート・アンド・カラー部門をGM別館に移した。デザイナーたちにいろいろな人の声を聞かせるためだ。新車の開発は事業部全体が力を合わせて行い、スタイリングについての最終的な決定はアールに委ねる。それがスローンの考えだった。一九三〇年代になると、部門が担う機能全体を表すよう、スローンは名称を「スタイリング部門」と改めた。

GM車がアメリカ市場で独占的地位を占めるに至ったのは、アールの鋭敏な感覚が生んだスタイリング・クリエーションによるところが大きい。彼のキャリアは数々の画期的な出来事に彩られている。彼は自動車デザインを職業とした最初の人間であり、コンセプト・カーとクレイモデルによるスタイリングの発明者であり、コルヴェット（Corvette）をデザインした人間だ。

スローンの伝記ではアールの重要性が次のように述べられている。

「スローンはアールの仕事によって売上が伸びる可能性は高いと見ていた。その判断には戦略的な根拠があった。つまり自動車の見た目が市場を変えるとスローンは考えていたのだ。輸送手段という実用目的だけでなく、個人の楽しみや自己表現のために消費者が車を選ぶ日が来ると彼は考えていた」[11]

なお、スタイリング部門は女性に対して最初にGM内での雇用のチャンスを与えた歴史的な部署でもある。男性で占められていたアメリカの自動車業界にまとまった数の女性が雇用されたのは初めてのことだった。

GMが起こした消費者意識革命

スタイリング部門ができて、GMの六車種の価格帯が明確になったところで、GMの消費者戦略の総仕上げとして取り組まれたのが年次モデルチェンジだった。年に一度行われる新モデルの発表会は、アメリカ経済に大きなインパクトを与え、全米の心を釘付けにする一種の儀式になった。そのような影響力を持つ商業的なイベントは過去にはなかったし、おそらくこれからもないかもしれない。

一九三〇年代から五十年以上にわたってデトロイトで毎年行われた自動車のモデルチェンジはアメリカ人の心を独占した。消費者を煽る大がかりな宣伝と広告を駆使して行われたこの「秋の儀式」の立役者こそスローンであり、このイベントによってビジネスの概念に大変革が起きた。

消費者に平均二年ごとに車を下取りに出して新車を買わせることを、スローンは「ダイナミックな旧式化」という言葉で呼んでいた（後に軽蔑的な意味を込めて「計画的旧式化」と言い換えられた）。

[11] David R. Farber, *Sloan Rules* (University of Chicago Press, 2002), p.101.

モデルチェンジの考え方はごく簡単なものだった。メーカーはスタイルやインテリアなど目に見える改良をして、毎年新しいモデルを発表する。スローンはこう記している。

「私たちは製品に価格競争力を持たせ、消費者のニーズを満たしつつ、進歩した技術や新しいスタイリング要素を盛り込んだ製品を毎年作らなければならない」[12]

GMは年次モデルチェンジが消費者にとっても経済にとっても好ましいことであるという考えを売り込んだ。そして車を持つことは単に輸送手段を得ることではなく、名声、ステータス、個性を手にすることであると再定義した。露骨に言葉にはしなかったが、彼は「人は運転する車によって判断される」という革命的な発想をアメリカ人の心に植えつけた。

当然のことながら、一種類の車を大量生産して規模の経済を証明し、簡素なデザインを旨としてきたヘンリー・フォードは、モデルチェンジという発想に不快感を示した。しかし、彼は一九二七年にしぶしぶT型フォードの製造を中止し、すべての工場を七カ月間停止した。そしてクローズド・ボディの新車A型フォードが発表されるとアメリカ全土にセンセーションが巻き起こり、フォードは一九二九年と一九三〇年の二年間にわたって一時的ではあるが自動車市場におけるトップの座に返り咲いた。

スローンは年次モデルチェンジをGMの戦略にしようとしたが、それが正式な方針として認められたのは一九三〇年代になってからだった。それまでにスローンは着々と準備を整えた。低価格のシボレーから高価格のキャデラックまで、GMの六つの車種にそれぞれのセグメントに適した価格体系を確立した。そしてハーリー・アールを雇ってスタイリング部を立ち上げ、

[12] Sloan, 前掲 *My Years with General Motors*, p.238.

消費者に視覚的にアピールできるデザイン作りに専念させた。さらにスローンは買い手が自由に選べるオプションを用意した。

「お客様は、広い選択肢の中から好きなボディの色を選び、好きな素材で装飾することができる。大量生産においてこれだけの柔軟性が持てるとなると、あらゆる車がある意味、注文生産であると言えるのではないだろうか」[13]

最後の仕上げはこれらのモデルをいつどのような形で発表するかを決めることだった。スローンは製造とマーケティングにおけるさまざまな要素に思いをめぐらせた。すなわちモデルチェンジに要するリードタイム、技術、部材などだが、中でもより重要さを増してきていた要素は広告だった。一九三〇年代当初、広告は雑誌に掲載されるものだった。やがてラジオでの宣伝が始まり、一九五〇年代にはテレビ広告が始まった。

GMは、新しいモデルに対する消費者の反応を知るために、モデルチェンジに際しては車体とエンジニアリング面の変更を先行して行うことにした。新しいスタイルが消費者に受け入れられれば、翌年には車台に細かい表面的な改良を行ったり、内装面に大々的な変更を行ったりすることもあった。売上に弾みをつけるに、秋の発表モデルについて遅くとも夏の終わりには広告キャンペーンを展開し、消費者に呼びかけて興味を喚起することも怠らなかった。

自社のモデルチェンジを国家が発展する姿と重ね合わせるという画期的なことを行ったのもGMだった。一九三九年のニューヨーク万博で、GMの未来展示（Futurama）は入場者数一位を誇る大成功をおさめた。一九六〇年の未来都市や自動車を見ようと、来場者たちは二時間も

[13] Sloan, 前掲 *Adventures of a White-Collar Man*, p.183.

待った。しかしそこに込められた国民へのメッセージは明快だった。自動車は二十年後のアメリカの生活の中心に位置するものだということ、そしてGMこそが、その胸踊る未来のビジョンを提供できる自動車メーカーであるということだ。

第二次世界大戦が終わると、スローンは年次モデル発表のために新たな仕掛けを始めた。モトラマ（Motorama）という自動車ショーである。一九四九〜六一年まで開催されたモトラマは一般大衆の関心をとらえ、マスコミにも大きく取り上げられた。一九四九年にはニューヨークとボストンで六十万人もの観客が訪れた。そして一九五三年にはハーリー・アールによるグラスファイバー製のドリーム・カー、コルヴェットが発表された。一九五五年のモトラマはボブ・ホープが司会をつとめ、CBSで放映されて数百万人の視聴者が観た。

アメリカ人ドライバーなら誰でもGMの五車種すべてを見分けることができる時代が訪れていた。たとえ遠目でも、フィッシャー・ボディの設計者たちが作ったグリルや、スタイリング部が手がけた製品は、ポンティアックのストライプであれキャデラックのテールフィンであれ、一目瞭然だった。

スローンが製品ラインナップのすべてに対して毎年モデルチェンジを行ったことは、自動車業界の常識を打ち破るものであった。スローンは、外観や内装について消費者に数多くの選択肢を与えれば売上が増えるとはっきりと認識していたのである。

「車の外見は、販売部門においては最も重要な要素の一つである。いや、最も重要な要素であると言い切って良いだろう。なぜなら車が走れることは誰でも知っているからだ」[14]

[14] Sloan, 前掲 *Adventures of a White-Collar Man*, p.183.

現在のコンピュータ市場に見る類似性

消費者にたくさんの型とスタイルの選択肢を与え、さまざまな価格帯を用意して発展してきた点において自動車産業とパソコン業界は似ている。多くのハードウェア部品（ビデオ・カード、チップ・スピード、メモリ、モデム接続、等々）を常にグレードアップしていくところも、スローンのダイナミックな旧式化やモデルチェンジを重ねる考え方に沿ったものだ。

一九〇五年に生まれて手動クランクのオープンカーに乗り、時速二十マイルで走行した人が味わった感激と驚きを想像してみてほしい。それは一九八〇年代に、大きなフロッピーディスク用のスロットが一つ付いていて、自動スペルチェック機能があり、デイジーホイールのプリンタ★1につなげばゆっくりと大きな音を立てながら印刷してくれるCP／M型コンピュータを使った人の興奮と驚きと同じだったに違いない。

一般大衆は初期の自動車を見たときと同じような不安を抱いて、商品化第一号のパソコンを見た。一九一一年の時点で、一九五〇年代に整備されたハイウェイ網や二台の車を収納できるガレージ、エアコンやオーディオ付の車や、小さな装置のスイッチを押すだけでドアの施錠開錠ができるシステムなどを予見できた人が誰一人いなかったのと同じように、一九八〇年の時点では、その後にインターネット、AOL、Eメール、グーグルなどの世界が待っていることを予見できた人間は一人もいなかった。

★1 インパクトプリンタ（インクリボンを叩いて印字するもの）の一種

コンピュータのテクノロジーが目覚しく向上した理由は、使いやすいオフィス機器や産業機器を求める消費者の声が急激に高まったためだ。一九六二年にマサチューセッツ工科大学（MIT）とデジタル・エクイップメント・コーポレーション（DEC）は、四万三〇〇〇ドルをかけて最初のパーソナル・コンピュータを作った。MITS[★2]のアルテア８０８０（Altair 8800）という一号機パソコンは、一九七五年に組立キットとして商品化され、数千台が趣味人たちに売れた。そして一九八三年までに消費者は、MS-DOS搭載のタンディ・ラジオシャックのラップトップコンピュータを二〇〇〇ドル以下で買うことができるようになっていた。

自動車業界とパソコン業界には他にも類似点がある。両産業とも、新しいテクノロジーへの情熱を持った機械いじりの好きな人々によって始まり、第一号は素晴らしい機能を持ちながらも美的センスに乏しい不恰好なモデルが誕生する。そしてどちらの産業においても、時を経るにつれてより軽量で、よりスピードが速く、価格の安いモデルが生まれてくる。

今では消費者はタワー型コンピュータからラップトップコンピュータまで、豊富に取り揃えられたラインナップを目にすることができる。実用的な初心者向きのパソコンから、技術の粋を結集した芸術品のようなパソコンまで広い選択肢があることも、自動車産業のケースと似ている。さらにモニター、キーボード、マウスなどの周辺機器が提供されている点も、自動車産業が内装やスタイルに多くの選択肢を提供した点と似ている。

また、自動車業界でビッグ・スリー[★]が残ったように、アメリカのコンピュータ業界でも、数百という数のメーカーからほんの一握りのメーカーが選別されている。

★2 Micro Instrumentation and Telemetry Systems

★ GM、フォード、クライスラー

そして、消費者は一台のコンピュータを何年間も使うこともできるし、毎年新しいモデルが出るたびに買い換えることもできる。常に新しくより良いものを市場に投入する手法は、スローンの年次モデルチェンジを想い起こさせる。しかし、「計画的旧式化」という点においては、パソコン業界は自動車業界の上を行っている。パソコンでは新品を買うときに下取りはしないし、中古市場も確立していないからだ。

二大コンピュータメーカーのデルとヒューレット・パッカードは、スローンの方針に倣って消費者ニーズの探求を怠らない。両社とも、フォーカスグループや一対一の面接調査による定性分析、ユーザーまたは非ユーザーに対するアンケート調査などによる定量分析を徹底的に行っている。

またコンピュータ産業はアフターサービスについてもスローンの教えに従っている。顧客サービスは商品購入時の意思決定に影響を及ぼす最も重要な変動要因の一つであり、デルやヒューレット・パッカードはこの分野で高い評判を築いてきた。GMのグッドレンチ（GM Goodwrench）に匹敵するような修理サービス部門はまだ確立されていないかもしれないが、ゆくゆくはコンピュータ業界においてもこのような修理が消費者の選択肢として重要視されるようになるかもしれない。

かつてアメリカ人は二年ごとに新車を買っていた。今日ではコンピュータが常に変化を遂げ、新たな改良やオプションを提供し続けるマシンだ。いずれサイズや色や値段においてもっとバリエーションに富んだ選択肢が提供されるだろう。スローンが自動車について掲げたスローガンを言い換えるなら「あらゆる価格と目的に応じたコンピュータ」が求められるようになるだろう。

事例❶クレイロール：未開市場の開拓

消費者に多くの選択肢を提供してニッチ市場を獲得することにこだわったスローンの手法は、自動車業界（とのちに後を追ったコンピュータ業界）だけのものではなかった。スローンのコンセプトの中でとりわけ重要なのは「あらゆる目的に応じた」という言葉で、それは市場のさまざまな側面に対応することをメーカーに求めている。

スローンの例に倣った新たな産業にヘアカラー市場がある。スローンが社長になってからのGMに自動車業界が支配されていたのと同じように、アメリカのヘアカラー業界は昔から一つの会社によって支配されてきた。クレイロールである。

クレイロールはアメリカ女性に家庭でできるカラーリングを広め、歴史的成功を収めた。その経緯を見ると、多様なデモグラフィック（年齢・職業・教育・宗教など）やサイコグラフィック（消費者のライフスタイル、価値観など）の要因から顧客と市場を分析することがいかに大切であるかが分かる。

クレイロールが成功した主な理由は、一つの消費者基盤の中に多数のニッチがあることを認識できたことと、それぞれの顧客層に対して（GMが五つのラインナップを提供したように）異なる商品名と宣伝方法を用いて明確に差別化した商品を提供できたことだ。

クレイロールの歴史はアメリカにおけるヘアカラーの歴史そのものだ。それは一九三一年にローレンス・ゲルブが、新たな化粧品のアイディアを求めて渡欧したときに始まる。パリのマリー・カンパニーの商品がゲルブの関心を引いた。クレイロール（フランス語で「明るい色」の意）というヘアカラートリートメントだ。ゲルブはその製法特許を二万五〇〇〇ドルで購入した。

一九三〇年代、髪は美容室で染めるものだった。しかし多くの女性は染めているところを人に見られるのを好まなかった。そのため美容室の裏口からこっそり出入りし、カラーリングはカーテンを閉めた小部屋の中で行われた。また、染毛剤の質も悪く、安っぽくて艶のない仕上がりになることが美容室にとっては大きな悩みの種だった。

ゲルブは、クレイロールの製品は毛幹まで浸透するため従来品よりもカラーリング効果が高く、仕上がりも自然に見えることを訴求して美容室を説得し、本業の基盤をつくったのである。

ゲルブはさらに、家で自分で使えるほどに簡単で、仕上がりのよい製品さえあれば、女性は自宅でカラーリングするだろうと考えた。店頭で数十万個単位の製品を販売することができれば、数に限りのある美容室にカラーリング・トリートメントを売るよりはるかに大きな売上が見込める。

そして研究を重ね、たった二十分間で髪が染められる商品を開発したのである。しかしゲルブは、美容室向けの商品〈ミス・クレイロール・ヘアカラー・バス〉と同じ名称ではだめだと考えた。たくさんの候補を検討した結果、〈ナイス・アンド・イージー〉という商品名に落ち着いた。準備が簡単で、仕上がりも美しいという二つの要素を同時に表現したネーミングだ。

また、広告キャンペーンも記憶に残るものだった。美しい髪をした美女の写真に「彼女はしてる？　それともしてない？　その答えを知っているのは美容師だけ」という挑発的なコピーが添えられたのだ（この広告は『アドバタイジング・エイジ』誌で二十世紀の広告ベスト九位に選ばれた）。この広告はすぐに女性たちの関心をつかんだ。お金を払ってヘアサロンで染めてもらうより家で染めてみようとする女性は増え、さらに美容室で髪を染めることなど考えたこともなかった数百万人もの女性たちが、本当にサロンで染めるのと同じ効果が得られるのか試してみようと、買い始めるようになったのだ。

大成功を受けて、クレイロールの経営陣は次に、ヘアカラーにまださほど関心を示していない二つのマーケットに目を向けた。一つはブロンドの髪にあこがれる女性たちだった。このセグメントに対し、同社は〈ボーン・ブロンド〉という商品を開発し、前回同様、記憶に残る広告を打った。「一度きりの人生なら、ブロンドがいい」。

もう一つは白髪の交じり始めた年配女性だった。このセグメントに対する新商品は〈ラビング・ケア〉。その広告キャンペーンも際立っていた。「あなたは年を取ってきたのではありません。より美しくなってきたのです」。

こうして一九七〇年代の半ばには国内ヘアカラー市場の六〇～七〇％を占めたクレイロール（一九五九年の買収によりブリストル・マイヤーズの一部となっていた）は、マンハッタンにあるオフィス内でヘアカラーリングの専門学校を経営し、新入社員全員に一週間の研修を受けさせた。また髪の毛とカラーリングの研究に力を注ぎ、国内市場を深く知るために定期的な調査を行った。

一九七〇年代の初期には、髪を伸ばすアメリカ女性が増えているというデータが得られた。それをもとにクレイロールは〈ロング・アンド・シルキー〉というコンディショナーと、後発で発売した同名のシャンプーによって成功した。

同じく一九七〇年代にクレイロールは〈ハーバル・エッセンス〉という香りのシャンプーを発売した。この商品も消費者トレンドを研究し、当時流行していた「ナチュラル&オーガニック志向」に乗って行こうと判断した結果生まれたもので、さまざまな自然の香りを特徴とするシャンプーだった。ちょうど、健康食品店が化学薬品を使わない天然素材だけのシャンプーを、ローズマリー、カモミール、シトラスなどのさまざまな香りで提供し始めた時代だった。

クレイロールはこうして、大手のプロクター&ギャンブル（P&G）、リーバ・ブラザーズ（現ユニリーバ）、コルゲートが割拠するシャンプー市場に足場を築いたのである。

事例❷マリオット：もてなしの選択肢

二〇〇四年におけるアメリカのサービス産業の規模は八六〇億ドル。マリオットはその中で九二億ドルの収益を上げてトップを占めている。アメリカ国内外で低価格帯から高価格帯の宿泊を提供しながらこれほどの成功を収めているホテル会社はマリオットをおいて他にない。エコノミーホテルの収益を除いた通常のホテルビジネスにおける同社のシェアは二一%で、他の二大チェーンであるヒルトン（一六%）と、スターウッド（一一%）を大きく引き離している。

この世界的ホテルチェーンについてもう一つ特筆すべきことは、旗艦ブランドであるＪＷマリオット・ホテル&リゾート（JW Marriott Hotels & Resorts）のイメージを損なうことなく、フェアフィールド・インやレジデンス・インなどの低価格ホテルチェーンにマリオットの名前をつけてブランディングに成功していることだ。唯一の例外は、一九九五年に買収した高級ホテルチェーンのリッツ・カールトン（The Ritz-Carlton）で、これはマリオットが経営していることは宣伝されていない（中級ブランドの会社が高級ブランドを買収した場合に名前を表に出さなかった前例としては、ジャガーの製品ラインに社名をつけなかったフォードの例がある）。

マリオットは、創業者Ｊ・ウィラード・マリオットが一九二七年にワシントンＤＣで、ホットショップと名づけたスツール九席のビアスタンドを開業して以来、常に進化を遂げてきた。一九三七年には機内食ビジネスに参入し、アメリカン航空や（今はなき）イースタン航空、キャピタル航空に機内食サービスを提供していた。また、ホットショップの名前でワシントンＤＣやメリーランド州ボルティモアで数多くのカフェテリアを運営した。第二次世界大戦中、手ごろな価格で質の良い食事を提供するホットショップは、急激に成長しつつあった防衛産業で働く人々と首都ワシントンを行き来する何千人という軍関係者に食事を提供した。

一九五七年、マリオットはヴァージニア州アーリントンに最初の宿泊施設を作った。三六五部屋を持つモーテル、マリオット・ツインブリッジ・モーター・ホテルだ。マリオットという名前がブランド名として使われたのはこれが最初だった。七年後、同社は社名をマリオット・ホット・ショップスと改名する。

その時点からマリオットは、ホテルを建てたり買収したりしながら、ホテル業へ徐々に移行していく。同社のやり方は、自社所有のホテルを作るか、フランチャイズ契約によってホテルを建設するというものだ。利用者は驚くかもしれないが、マリオットの四〇％以上はフランチャイズ・オーナーによって経営されている。フランチャイズの場合、マリオットは建築プラン、設計、家具・備品等の設備、そして従業員教育の支援を行う。マリオットはフランチャイズ料とインセンティブ・フィーを受け取ることができ、なおかつ不動産に関わる諸問題についてはフランチャイズ・オーナーがいるので関わらずに済む。

今日マリオットとその系列会社は、アメリカ国内では七つ[★1]、海外では五つのホテルブランドを展開している。

低価格のホテルから最高級のリッツ・カールトン・ホテルまで幅広いサービスを提供するマリオットの手法には、ＧＭが展開した五つのモデルに通じるものがある。スローンのスローガンをマリオットに置き換えるならば「あらゆる価格と目的に応じた部屋」というところであろうか。複層的な質と価格のサービスを提供する戦略によって、あらゆるタイプの顧客を網羅することが可能になった。

必要最小限の設備を持ったホテルから、美しい内装とファーストクラス――いわばキャデラッククラス――のサービスを備えたリッツ・カールトンまでを提供することで、マリオットはＧＭと同様に、消費者が所得の上昇に合わせてホテルのグレードも上げていくことを望んでいるのである。

★1 マリオット・ホテル＆リゾート、コートヤード、レジデンス・イン、フェアフィールド・イン、タウンプレイス・スイート、スプリングヒル・スイート、ルネッサンス・ホテル

事例❸ホールマーク：カードが支える感情表現

GMがスローンのリーダーシップのもとで自動車業界を支配したように、ホールマークのカードも多くの選択肢を提供することによってグリーティングカード業界★2の支配に成功した。

一九一〇年、ホール兄弟によってカンザス・シティで設立されたグリーティングカードの会社は、潜在顧客を最大限に引きつけるためには、あらゆる気持ちを表すカード、あらゆる場面や祝日に使えるカードを作る必要があると考えた。初期のカードには、落ち込んでいる人を励ますメッセージが書かれていた。

「ロープの端まで来てしまったら、結び目を作って、しっかりつかまろう」

なるべく幅広く、バラエティに富んだカードを作る必要がある。この認識から、誕生日や卒業式、バレンタインなどの限定的行事以外で用いるためのカードを提供するスタイルが生まれた。母の日のために作られた最初のカードは社内の売店で販売されて社員たちの間で評判となり、その暖かくてセンチメンタルなカードは、後に一般に販売されて大成功をおさめた。

一九四四年に同社は「一番すばらしいものを送りたい大切な人に」という、人々の記憶に残る企業広告を行った（この広告は二十世紀のトップ一〇〇広告ランキングで六八位に入っている）。一九四九年に誕生して以来、同社の王冠型のロゴマークは、GEやコカコーラのロゴと同じくらい多くのアメリカ人に知られ、愛されている。

★2 アメリカでは、クリスマスには約30億枚、バレンタインデーには約10億枚のカードが生産される。

ホールマークは変化する消費者の最新動向にも常について行き、ライフスタイルの変化に対応してさまざまなカードを作ってきた。最近では宗教関連のカードシリーズも加わった。一九九九年には全商品をスペイン語でも発売し始めた。

スローンがシボレーを重視したように、低価格帯市場の重要性を認識して、ホールマークは九九セントの〈ウォーム・ウィッシュ〉シリーズを展開した。また現在では、店内のコンピュータ〈パーソナライズ・イット!〉を使って、消費者が自分だけのオリジナルカードを作ることもできる。

事業範囲の拡大に積極的だったスローンに倣い、ホールマークもビニー・アンド・スミスを買収し、傘下のクレヨラ、マジック・マーカー、シリー・パティーなどを手中に収めた。また、世界最大のプラモデルメーカー、レベル・モノグラムも買収した。今では市場に出回る包装紙やリボンなどもほとんどがホールマーク製だ。

ホールマークは、消費者が「あったらいいな」と望むような、あらゆる感情（ただし、善意の感情）を表現したカードを作ってきた。

同社が四十億ドル企業として成功し続けるためには、消費者にどれだけ多様な選択肢を提供できるかにかかっているが、創立者J・C・ホールはこう付け加える。

「私は二八〇〇万人に悪い印象を与えるよりも八〇〇万人に良い印象を与えることを選ぶ。善意のやりとりこそが、善なるビジネスを支えるからである。」

単に顧客におもねるのでなく

スローンの「あらゆる価格と目的に応じた車」という戦略が成功したのは、消費者に適切な選択肢を提案したためだ。スローンは、アメリカ人が選択の自由を好む国民であることを理解した最初の、最も頭の切れる企業幹部だった。

個性を尊ぶアメリカ国民にとって、多くの選択肢があることは、とりわけ自動車の購入においては自己表現につながる。スローンが述べたように、自動車が走れることは誰でも知っている。購入の決め手を構成する変動要因は、価格とスタイル、そして選択の自由なのである。

〝多すぎる〟選択肢

もっとも、選択肢が多すぎると消費者は当惑する。現在、平均的なスーパーマーケットは四万点以上の商品在庫を抱えているが、その多くは人気ブランドの商品のライン展開やサイズ展開だ。その結果、消費者は心理学者がいう「過剰な選択肢がもたらす精神的負担」を感じる。つまり自分の決断に自信が持てなくなり、選んだ商品が期待にそぐわないと「失敗した」と感じるようになる。

消費者の精神的負担に無関心な業界といえば、現在成長中の携帯電話産業だろう。消費者にわかりにくいオプションを大量に提供している。新聞やオンラインの広告では、たくさんの機種の携帯電話と、とてつもない種類の通話プランが提案されている。無料またはキャッシュバック付きで提供される携帯電話も増えているが、それは顧客を長期の通話プランに加入させるための餌だ。携帯電話の性能や金額と通話プランの間には相関があって、電話自体が高性能で高価なほど、利用者の月々の支払いも高くなる。携帯電話産業は現在のところ、利用者が細かい計算をして携帯電話端末を選び、さらにもっと安い月々のプランについて交渉してくるようになるのかどうか、様子を見ている状況だともいえる。

消費者はメリット、コスト、リスクなどを勘案しながら経験則にもとづいて選択を行う。しかし、注意すべきは、あまりに多くの選択肢を前にすると購買意欲が萎えてしまうということだ。消費者は複雑なメリットの組み合わせや並べ替えを整理しきれなくなる。携帯電話や通話プランのように内容が複雑で圧倒的だと、消費者は購入自体をやめてしまいかねない。

〝良かれと思った〟選択肢

次に紹介する二つのケースは、ともにGMが消費者の意向に沿うように、良かれと思って行った意思決定が、後々間違っていたことが判明したケースだ。ここから得られる教訓は、損失を早めに食い止めること、そして極端に新しいアイディアを提供しないことだ。

二〇〇〇年十二月、GMはオールズモビルの生産を二〇〇四年で中止するという発表を行った。オールズモビルはアメリカで最も長く製造されてきたモデルだった。一八九七年にランサム・オールズによって製造され、一九〇八年に後のゼネラル・モーター・コーポレーションの一部となり、同社では二番目に古くから製造されていた車種だ。

そしてオールズモビルは、かつてGM車の中で最も革新的なモデルだった。一九三八年には最初のオートマチック・トランスミッションを取り入れ、一九四九年に発表した伝説のモデル〈ロケット88〉には低燃費オーバーヘッド・バルブのV8エンジンを搭載した。〈カトラス〉モデルが全米で人気を博した一九八五年には一二〇万台を売り上げた記録がある。

だが、一九八七年には前年比で四十万台も売上を減らし、二〇〇〇年には総売上台数は三十万台にまで落ち込んでいた。これは一九五二年以来の最低記録だった。

不振の原因は、オールズモビルのアイデンティティが損なわれたことにある。かつての明確なコンセプト、ひと目でそれとわかる車体やグリル、そして〈ロケット88〉〈カトラス〉〈トルネード〉のようなインパクトのある名前――長年オールズモビルをオールズモビルたらしめてきたエッセンスが消えてしまったのだ。

一九八〇年代の十年間で、GMの全製品は外観の特徴を失い、他の車に似通うものになってしまった。言い換えれば、当時売れていた日本車に似通ったものを生産するようになったのである（GM社内では概観が似通っていることを「バッジ・エンジニアリング（姉妹車展開）」と呼んだ。製造コストを下げるため、五つの自動車部門で共通の部品をできるかぎりたくさん使うことを指す。その結果、不幸なことにシボレーがビュイックのように見え始めた）。

そこでGMの経営陣が下した決断は――それが不幸にもオールズモビルブランドの引退を早めることになったのだが――オールズモビルを他の車と見分けがつかないようなスタイルに変え、ホンダに取って代わる車としてポジショニングし直そうというものだった。今になって考えてみれば、高いブランドロイヤルティーを持ち、高品質を誇るホンダの〈アキュラ〉を追いかけるなど、初めから間違っていた。オールズモビルはパワーと優美なスタイルで評判を築いてきた車だ。ホンダ（あるいは同レベルのトヨタ、日産、フォルクスワーゲン）のユーザーが、高い性能等級や再販価格の実績を持たないオールズモビルに乗り換えるなどという期待を、どうして当時のGM幹部は抱いたのだろうか。

もう一つはGMが、非GM車として製造した〈サターン（Saturn）〉だ。高品質の日本車をアメリカ人によってアメリカ国内で造るというそのコンセプトは斬新だったし、マーケティング上必要な選択でもあった。しかし、今日では〈サターン〉は数十億ドル規模の失敗であったと証明されている。皮肉なことにサターンは日本車と同じく高い顧客ロイヤルティと性能等級を獲得しているにもかかわらず、競合する日本車に匹敵するだけの売上高を達成することはなかった。

独自の特約店を通して定価販売されたサターンは、売上の伸びを阻む決定的な矛盾を抱えていた。すなわち、日本車を好むアメリカ人顧客がなぜわざわざ日本車風のアメリカ車を買いたいと思うか、ということだ。業界内では当初から、あのように高い価格でサターンを売り出す行為は、GMが一九二〇年代に空冷式エンジンが間違いなく大成功をおさめると言い張った当時の状況に似ていると見る向きもあった。

サターンの年間売上は二〇〇四年に二二万一〇〇〇台と、一九九六年の二七万九〇〇〇台から五万八〇〇〇台落ちている。一九九〇年にテネシー州に建設された最新設備を誇る工場の組立ラインから最初の一台が送り出されて以来、一度として損益分岐点である五十万台を越えたことはなかった。追い討ちをかけるように、サターンを購入した人の四〇％以上が既にGM車のオーナーであったことが後の調査で判明した。

これら二つの例から学ぶべきことはなんだろうか。まずオールズモビルのケースだが、スローンの言葉を借りるなら、一九八〇年代の中期から後期にかけては、オールズモビルという車に乗る「意義が薄れていた」。消費者の心の中にあったオールズモビルの輝きを、GMは維持できなかった。二十世紀初頭に大陸横断の輝かしい記録を打ち立てたオールド・スカウト・モデルとも、数々の歴史に残る名前を冠したモデルとも、一九八〇年代のオールズモビルは絆を失ってしまったのだ。

はっきりと認識できるアイデンティティを失ったオールズモビルは、GMラインナップのなかに居場所を失った。二十数年後、急落を続ける売上と不満を抱えた特約店ネットワークを前に、GMはようやくオールズモビルの製造中止を決心するに至る。

一九八〇年半ばにアメリカ市場の好みが大きく変わり、再販価格が高くアフターサービスの手がかからない高品質の車が好まれるようになった時点で、オールズモビルは製造中止にするべきだった。ホンダに対抗するポジショニングに変えて生産を続けるという選択は死の宣告に等しかった。オールズモビルにはホンダレベルのメリットを提供することはできないからだ。

サターンのケースは、前評判は高いのに試合では勝てないプロ野球チームにも似ていた。日本車が世界中で押さえている市場にGMが切り込んで行きたいのなら、既存の日本車メーカーを買収したほうが収益は上がったことだろう。

フィアット★（Fiat）との最近のケースを見るかぎり、ヨーロッパのメーカーを買収するというGMの戦略も不調のようだ。この取引を最後まで遂行しなかったため、GMはフィアットに対して二十億ドル支払うことに合意し、二〇〇五年に買収交渉から撤退した。

スローンの教え：「賢い選択」の提供

スローンは、常に消費者を念頭に置き、消費者が「自分は賢い選択をした」と思えるような製品ポリシーを考え、それをGM製品に込めた。重要なことは、設計においては最低でも競合他社と同等レベルの自動車を作ること、ただしサターンのように極端なデザインやアイディアを盛り込むようなリスクは冒さないことだった。

消費者が車を選ぶときの基本原則について、スローンはシボレーの事業部長だったウィリアム・クヌドセンの言葉を好んで引用した。なぜすべてのブランドの車がこれほど瞬く間に人気を博したのかという問いに、クヌドセンはこう答えた。

「誰だってA地点からB地点へ座ったまま行きたいと思うからでしょう」[15]

そう、それゆえにスローンは、あらゆる消費者の要望に応えることをめざしたのである。

★ イタリア自動車メーカーのフィアットは、Fabrica Italiana di Automobili Torino すなわち「トリノのイタリア自動車工場」の略語である。同様にアルファロメオのアルファ（Alfa）も、Anonima Lombarda Fabbrica Automobili すなわち「ロンバルディ自動車製造工場」の略語。1916年にニコラ・ロメオが自分の名前を加えて現在の名称となった

[15] Sloan, 前掲 *Adventures of a White-Collar Man*, p.53.

第4章

事実にもとづき決断する

今日の企業において、売上や収益性をはじめ、さまざまな業績指標のデータや予測値を求めることは当たり前に行われている。各部署のチーフスタッフは、短期・長期の業績予想や定量データの提出を求められる。それらは、会社の将来に直接的な影響を及ぼすものだ。

だが、企業経営において事実に重きが置かれていなかった時代がある。それは――主に自動車産業の初期がそうだが――データや計画に頼ることなくビジネスが行われていた時代であり、責任感の乏しい、あるいはまったくワンマンの経営者が、売上高と総生産台数以外のデータを意に介すことなく経営していた時代だった。

スローンはこの時代遅れで危険な経営方法を変えた。彼はGMを統治する数々の委員会と

CEO直属の数多くの部署に数字の提出を求めた。直感というものについては、それが誰の直感だろうと興味を示さなかったし、その場の思いつきのような決定には不快感を示した。「過去と現在のマネジメントにおける最大の違いは、科学的アプローチの必要性を認識したことと、勘に頼った経営と決別したことだろう。このことは以降の企業経営のあり方に大いに影響を与えている」[1]

スローンは定量調査や消費者調査を活発に行い、GM経営のあらゆる側面において事実(fact)を明確化し、科学的アプローチの重要性を強調し続けた。またそのために特約店や顧客からのフィードバックを取り入れたのもスローンが最初だった。彼の目標はデータを常に深く研究することだった。「これまでの仕事における経験から、事実というものは、熱心に探求し尊重して扱うに値する、非常に貴重なものであることを確信した」と彼は述べている。[2]

GM、放漫経営の時代

一九二〇年、スローンが業務担当バイス・プレジデントになったとき、既にGMは何年間にもわたって無計画で杜撰なデュラント方式によって経営され続けていた。デュラントは自分の取り巻きに事業部長などの要職を与えたが、彼らとさえ打ち合わせをすることはほとんどなかったし、売上の長期予測や在庫計画に関する報告を求めたこともなかった。彼は経営のことより自分の持っている株の値動きが気になるようで、四六時中、執務室にこもって投資アドバ

[1] Sloan, 前掲 *Adventures of a White-Collar Man*, p.140.

[2] Drucker, 前掲 *Adventures of a Bystander*, p.104.

イザーとの会話に熱中していた。

デュラントが考える成功とは、ＧＭが少しでも多くの車を生産し、販売して、利益を実現することだった。多額のＧＭ株を所有していた彼にとっては、ＧＭの（たとえ短期的なものであっても）収益向上を発表することが、自分の保有株式の含み益の増加にもつながっていたのである。

ピエール・デュポン・カンパニーのピエール・デュポン会長は、自分が多額の資金を投資している会社がデュラントによっていい加減に経営されていることに気がついた。一九一九年には、デュポンは自分の会社からジョン・プラットという経験豊富な幹部をＧＭに送り込み、経営状況を探らせている。プラットは「誰一人として何にいくらの金が使われているか知らないし、使い方について何の管理もされていない」[3]ことを知ってあらためて驚愕した。

プラットはまた、予算をめぐる部門同士の対立が票の貸し借りを生んでいることを知った。「僕のプロジェクトを応援してくれたら君のを応援してあげよう」というわけだ。スローンの伝記の著者は、このような政治的な駆け引きはＧＭでは長く続いた伝統だったと記している。「かつてアメリカの議員たちは、金やポストを手に入れるために、議会の票決において公益を忘れて互いの票を融通しあった。皮肉なことに、そんなアメリカ最古の政治の伝統をＧＭは受け継いでいた」[4]

デュラントの放漫経営はデュポン会長が直接知るところとなっていた。デュポンの会社はＧＭに五〇〇〇万ドルもの投資を行っていた。したがってＧＭの役員会に人を送り込み、デュラントに今よりも有能な経営陣をつけることによって、何らかの経営再建を図ることが可能な立場にあった。

[3] Farber, 前掲 *Sloan Rules*, p.13.

[4] 同書 p.33.

しかし一九一九年になってもGMの大株主であるデュラントは社長の座に居座っており、デュポンや他の投資家たちがGM改革のために打てる有効な手立てはなかった。スローンがピエール・デュポンに『組織研究』を提出し、デュポンがその内容に大いに感心したのはこの時期だ。そこには事実だけにもとづいてGMを経営する計画が記されていた。

埋もれていた事実

過剰なまでに規模を拡大したものの、売上が下降したことからGMにおけるデュラントの任期は一九二〇年に突如終わりを迎え、デュポンがしぶしぶGMの社長の座に就いた。そしてより厳密に製造および財務管理を行うという自分の目的を共有してくれそうな人材を社内で見回したとき、『組織研究』を書いたスローンの名前が浮かんだ。デュポンはスローンを自分個人のアシスタント兼業務担当バイス・プレジデントに任命した。

当時四十五歳だったスローンにとって、GMという組織全体を作り変える役目を担ったことは、人生最大のチャンスだった。このときのことを後に彼はこう記している。

「火急の問題は、扱いにくくばらばらの社員たちを、互いに連繫し連動する集団にまとめ上げることだった。そのためにはさまざまな要素を付け加えたり取り除いたりしながら、事実を最優先した経営方針を基盤として組織を構築する必要があった。」[5]

事実を確認することが、デュポン&スローン・チームの第一の任務となった。真っ先に調査

[5] Sloan, 前掲 *Adventures of a White-Collar Man*, p.132.

すべき対象は自動車事業部の売上と収益性だった。

一九二〇年、アメリカの自動車市場全体の生産台数のうち、フォードが四七％のシェアを占めており、GMは第二位のシェアとはいえ僅か一六％を占めていたに過ぎない。一九二一年にはGMのシェアはさらに一二％まで下がり、フォードのシェアは六〇％まで上がった。人気の高かったシボレー事業部においてさえ損失が出始め、GMは赤字に転落した。

しかし洞察力に優れたスローンは、デュラントの「何でもいいからどんどん売れ」式の経営戦略が持ちえない視点からこれらの数字を見ていた。たとえば、一台目の車を購入する消費者が増えるにつれて、毎年かなりの伸びを見せていた低価格・大量生産セグメントにおいて、シボレーが力を出し切っていないことを問題視していた。

事実を集めていくと、スローンは別な問題点にも気づいた。中間価格帯のオークランド（ポンティアックの前身）、オールズモビル、スクリップ・ブース、シェリダン（後者二つはデュラントの買収した会社で、ほどなく生産中止された）、ビュイックが、互いに競合していて、お互いの売上を食い合っていたのだ。スローンは価格の見直しが必要であると気づいた。

「抜本的な方針を打ち出す必要があった。つまりGMはいったい何をしようとしているのか、はっきりさせる必要があった」[6]

「研究開発にせよ営業にせよ、我が社のあらゆる活動に対して個々に指針を立てる必要があった」[7]

そしてスローンは、自動車業界での経験が豊富な社員を集めた諮問委員会を設置した。委員会

[6] Sloan, 前掲 My Years with General Motors, p.60.

[7] 同書 p.62.

に与えられた任務はGMの製品ラインを徹底的に見直すこと。その答申は取締役会に提出され、検討を経て実行に移された。そしてこのとき、アメリカの企業経営において最も革命的と言える原理をスローンは明確な言葉で表現した。

「企業（つまりGM）の第一の目的は、単に自動車を製造するということではなく、利益を上げることだと宣言した」[8]

最初の決断は、シボレーのラインナップを見直し、価格面におけるフォードとの競争から脱却することだった。T型フォードよりも質を上げたシボレーを少し高い価格で売り出す。生まれ変わったシボレーはフォードよりも多少高くはなるが、安くて質の良い車を求める消費者の予算内に収まる値段だった。

一九二三年にピエール・デュポンが退陣するとスローンはGMの社長に就任した。経営委員会の委員長も兼任したため、さらなる改革を進める推進力は大幅に高まった。ここから長い繁栄の歴史が始まる。しかしスローンは就任の喜びに酔いしれることはなかった。彼が見ていたのは取り組むべき仕事だけだった。

「私が社長になったときには会社の未来にとって有望な方針が既に採用されていた。発展の時代が始まろうとしていた」[9]

要は「取引が成立したか否か」

[8] Sloan, 前掲 My Years with General Motors, p.64.

[9] 同書 p.98.

デュポン社長の下、スローンの提案によって始まった各種委員会の改革は、スローン自身の社長就任によってさらに加速していく。

一九二二年、スローンは総合購入委員会を設置した。原材料、部品、その他製造に欠かせない品目を集中的かつ効率的に大量購入して収益性を高めるためだった。実際、スローンの試算によれば、節約できる額は年間五〇〇万ドルから一〇〇〇万ドルにのぼった。

購入の一元化に際して難しいのは、さまざまな部門から寄せられる異なるニーズのとりまとめだった。各部門固有の技術的要求は多岐にわたり、それを一元化するには単に購買の専門家を配置するだけでは不十分だ。そこでスローンは各部門から自動車業界での経験が豊富な人材たちを購入委員会に入れた。最終的に、全部門で使用品目の規格化が実現し、大量購入と在庫のスリム化につながった。〝単なる積み上げ〟型の購買から脱却することで、ＧＭは無駄の少ない効率的な会社となった。

各部門に高い独立性を認めた分権システムの確立のために、一九二一年にスローンは経験豊富なデュポン社の役員たちの力を借りて財務のコントロールに乗り出した。彼らの中でも最も優秀だったのが、ドナルドソン・ブラウンだった。二十世紀初頭には珍しいことだったが、彼はデュポン社内に経済学者や統計学者を雇い入れた人物だった。スローンはブラウンにＧＭの財務担当バイス・プレジデントになってくれるよう強く要請した。

「事業運営は規律に則って、きめこまかく管理されるべきだという点で、彼と私は近い考えを持っていた」[10]

[10] 同書 p.118.

デュポン在籍中に、ブラウンは投資利益率（ＲＯＩ）の斬新な分析方法に関する報告書を役員会に提出した。ブラウンのＲＯＩ算出法は企業会計を変えた。その手法の採用によって、多岐にわたるＧＭの部門すべてを網羅した、全体としての収益性を初めて算出できたのだ。デュラント社長の事実を無視した無責任経営の時代には欠けていたことだが、本来はこのように事実にもとづいた企業会計は必要不可欠だ。

スローンは事実を重要視する姿勢を共有できるブラウンを歓迎した。また彼自身も会計を理解してはいたが初歩的な知識しか持ち合わせていなかったため、ブラウンのような専門家を身近に持つことはありがたかった。そして何よりも自分が作った分権システムに合った実用的な財務管理が可能になったことが、スローンにとっては喜びだった。

「ドナルドソン・ブラウンはＧＭに財務状況を測る物差しを持ってきてくれた。それは経営の効率性に関わる事実を明確に浮かび上がらせてくれる測定方法だった」[11]

ブラウンもまた、科学と数学を勉強した新しいタイプの経営者だった。一九〇二年にヴァージニア工科大学を卒業した後、コーネル大学で工学修士を修めている。彼の最大の功績は、アメリカ企業により厳しいコスト意識を持たせたことだろう。彼はアメリカの歴史において最も初期に登場した真の「数字の専門家」といえる。図表を駆使したブラウンのプレゼンテーションテクニックにもスローンは感心した。それ以降ＧＭでは事実を提示したり分析したりするツールとして図表を用いることが当たり前となった。

会計面でのブラウンの指導と業務全般におけるスローンの指揮によって、ＧＭの財務運営は

[11] Sloan, 前掲 My Years with General Motors, p.141.

設備投資、現金管理、在庫査定、経営および生産管理などの面で有効なコントロールが確立されていった。そして、いったんこれらのシステムが定着すると、会社全体が常に事実の把握を意識して動くようになった。中でも画期的だったのが、生産をコントロールするためにスローンが各事業部長に提出を求めた年間予測だった。

「私は彼らに悲観的、現実的、楽観的、三つの観点から今後一年の売上高、利益、資金需要を予測して提出するよう求めた」[12]

しかし、商品を数字で管理している部門（財務、会計、製造）と、販売やマーケティングを担う部門では、後者のほうが楽観的で希望を込めた数字を出してくるため、予測には開きが生まれがちだった。GMを率いた長い年月を通じて、スローンは販売やマーケティングスタッフの自信に満ちた予測に耳を傾けてきた。しかし、ハイアット、ユナイテッド・モーターズ、そしてGMでの長年にわたる経験から、事業には波があること、そして現実は営業部門の楽天的な予測ではなく冷徹な事実によってこそ判断されるべきであることを彼は知っていた。

スローンの時代のマーケティングと、インターネットによってスピードを増した新たなパラダイムの中で展開される現代のマーケティングには大きな隔たりがある。しかし一台の車がディーラーによって販売されるにせよ、イーベイのオークションで売られるにせよ、取引が成立したか否かという一点以外に重要な事実は存在しない。それはアメリカで大人を相手にする自動車のビジネスにおいても、次に紹介するような世界の十代の若者を相手にするビジネスにおいても違いはない。世界のどこにいてもマーケティング担当者は事実を拠り所にしなくてはならないのだ。

[12] 同書 p.129.

事例❶世界のティーン市場：事実が描く実態

一九五〇年代のアメリカでは、大戦後の好景気を背景に十代の若者が初めて消費セグメントとして頭角を現した。郊外人口が増加するにつれて、音楽、服、食品にかなりの金額を使うティーンが増えてきたのだ。それは一九二〇年代にアメリカで新しい中産階級の消費者が生まれたときの状況と似ていた。

現金を手に市場に参入してくる若者が増え、また一人ひとりが使う額も増えていく中、十三歳から十九歳の消費パワーは急激に向上した。しかし長いあいだ残されていた問いがあった。十代の若者が金を持っているのはアメリカ市場に限られた話だろうか？　人口も文化も大きく異なる外国のティーンに商品を売るにはどうしたらよいのか？　特に気になるのは、中国、インド、ブラジルのような、第三世界の新興市場における十代市場の伸び具合だった。いったいどのくらいの人口がいるのか？　そしてどのくらいお金を使っているのか？

この疑問に答えるため、調査コンサルティング会社のブレイン・ウェイブ・グループは一九九〇年代に、かつてない大規模な調査を行った。同社は以前からコカコーラ、プロクター&ギャンブル、フィリップス、バーガーキングなどのグローバル企業を得意先としていて、彼らから世界の十代の若者に関する事実をもっと知りたいという要望を受けていた。

十代のグローバル市場に関する疑問は、国別の人口統計にもとづく事実よりももっと深いところに向けられていた。人口ならば国連や各国のアメリカ大使館にある統計から簡単に知ることができる。企業が知りたがっているのは心理面に関わる情報だった。その国のティーンはどんなことを考えているのか？　典型的なアメリカのティーンエイジャーと比べてどう違うのか？　そして一番知りたいのは、地域別、国別に、どのようなマーケティングを展開すればよいのかということだった。

ブレイン・ウェイブ・グループはダーシー・マシウス・ベントン・アンド・バウルスという巨大広告代理店の資金提供を受けて、複数年にわたるリサーチプロジェクトを開始した。「ニュー・ワールド・ティーン・スタディ」（新しい世界の十代に関する研究）と名づけられたこの調査の目的は、世界四十四カ国の十代の若者について詳細な情報を提供し、企業のマーケティングに役立つ事実を明らかにすることにあった。ブレイン・ウェイブの社長は、この調査の鍵はタイプ別のグループ分け、そしてそれぞれの特徴を明らかにすることにあると語った。

実際にブレイン・ウェイブが行ったことは、スローンがオフィスから出て特約店回りをしたことと似ている。ブレイン・ウェイブは世界へ繰り出して、現地で電話による定量調査やフォーカスグループ、一対一の面接などによる定性的調査を行った。

第一回の調査結果から驚くような事実がいくつも明らかになった。まず、一週間に使える金額において、アメリカの若者は世界一ではなかったし（第六位だった）、クレジットカードの使用においてもトップではなかった（第十二位だった）。それまでの仮説は捨てて、事実にもとづいた新しい情報を仕入れる必要が出てきた。

ブランド知名度についての第二回の調査結果は概ね、とりたてて驚くようなことはなかった。七十五個のブランド中、最も認識度が高かったのは、コカコーラ、ソニー、アディダス、ナイキ、ペプシなど、国際的に販売されている商品ばかりだった。しかし皆の注目を集めたのは、NBAバスケットボールのシカゴ・ブルズのロゴが十位にランク入りしていることだった。なぜブルズがこれほど高い順位を占めたのだろうか？　理由は四つあった。一つはインターネットの普及、二つ目はマイケル・ジョーダンの国際的な人気、三つ目はNBAの試合が海外で放映されていること、そして四つ目はCNNのケーブルチャンネルで毎晩のようにNBAのハイライトが放映されていることだった。

さらに、ブレイン・ウェイブ・グループがブランド・アイデンティティに関するデータを分析していくと、文化の異なる十代の若者の間に、企業がすぐにも利用できる共通項があることが分かった。何と八五％もの若者がMTVを見ていたのだ。さらに調査してみると、各国のMTVチャンネルではアメリカやイギリスのバンドやロック・スターの音楽ビデオと同時に、国によってスタイルは異なるが、その国の歌手のビデオも放映されていた。

ブレイン・ウェイブのこれらの調査により五億七五〇〇万人という巨大なティーン市場の実態が明らかになった。ここで得られた事実はグローバル企業を変えた。スローンが示したように「事実は貴重なもの」であり、新たな事実はグローバルメーカーたちの目を開かせた。これ以降、ティーン市場の捉え方は〝直感だのみ〟ではなくなったのである。

アルフレッド・スローンも、かつて鉄道に乗って全国のディーラーを訪ね、彼らの考えや意見を聞いて回った。現場でリサーチを行うことで、ディーラーたちから直に事実を仕入れることをねらったのである。

事例❷プロ野球球団：不採算の構造

メジャーリーグ球団のフランチャイズ所有の仕組みには謎が付きまとっていた。いくらで買収しても、オーナーは球団を所有している間に利益を上げるだけでなく、なぜか売却時にも必ず利益を上げる。東海岸から西海岸まで、余剰資金と大きなエゴを持った成り上がりの起業家たちは概してプロ野球球団の所有が優れた投資になると考えているようだ。

しかし事実は大きく異なる。税制やその他の経済面での要因を考え合わせると、メジャーリーグ球団の運営は実際には損失を生む事業だ。

一九八一年、カンザスシティ・ロイヤルズの社長マイケル・E・ハーマンは、球団所有の経済的実態を明らかにした。彼の財務分析によれば、かつてフランチャイズを所有することが利益を生んだ時代とは異なり、球団を所有することは採算の取れないビジネスになっているという。事実、フランチャイズ所有のコスト、中でも選手の年俸が年々上昇した結果、損益分岐点となる入場者数は急激に高くなってしまった。一方でメディア市場は飽和状態のため、そちらからの収入は頭打ちとなっている。

さらに分析すると、一九七〇年代の十年間には、放映権とチケット収入が料金値上げもあって七・五％増えた一方で、入場者数は四・四％しか増えていなかった。またチケット料金の上昇をはるかに上回る七％でインフレが続いていた。

しかしハーマンの分析は帳簿上の数字の裏にある構造的な問題を掘り下げていた。アメリカの税制は、球団所有は資産の償却という面で損をする仕組みになっていた。フランチャイズには、工場やオフィスビル、列車などのような「寿命」がないことがその原因である。

毎日使用される物品と同じように、選手も五年から七年もすれば機能が低下するはずだから、理論上は選手との契約も償却すべきもののはずである。しかし球団買収に関する限り、国税局は選手の年俸の五〇％を五年間控除できるのみで、その後の優遇措置は一切定めていない。そのため六年目に税控除がなくなると支出が収入を上回ってしまう場合が多い。

さらに、フリーエージェントという制度が存在する。選手はあるリーグで一定の年数を過ごした後は、好きなチームと新たな契約を結ぶことができるのだ。しかしこれは、選手が年をとればとるほど生産性は落ちるのに給与は上がる、ということにつながりやすい。

最大の驚きはチーム売却に関する統計分析の結果だった。ハーマンが調査した期間において、球団経営の税引き前投資収益率は三～六％だった。これは他の投資の平均利益率に及ばない。農地は九・五％、新築住宅は七・五％、トリプルAの債券でさえ常に六％の利益を生んでいた。野球はハイリスク、ローリターンの投資だった。しかも流動性は皆無だ。

さらに、将来においては大都市と小都市の格差に応じて、高い報酬を払える球団とそうでない球団が出てくるという点でもハーマンの予測は正しかった。時が経つにつれ、巨額の報酬を払ってギャラの高いフリーエージェントを手に入れられるチームのほうが、収益性が低い球団よりも高い勝率を上げるようになるだろう。そうハーマンは見通したのである。

一九九六年、二十七球団の一九九〇年と一九九六年の財務諸表データを用いて行った再調査により、球団の所有は――平均すれば――採算の取れない投資であることが明らかになった。鍵となる決定要因、すなわちフランチャイズの平均価格は、一九九〇年には一億三六〇〇万ドルだったが、一九九六年までに二〇〇万ドル下がって一億三四〇〇万ドルになった。最も高い収益を上げているニューヨーク・ヤンキースのフランチャイズの価値はその七年間に六％しか上がっていない。そしてその七年間、成績の振るわなかったニューヨーク・メッツは、フランチャイズ価値を二億ドルから一億四四〇〇万ドルに下げた。つまり二八％にあたる五六〇〇万ドルの評価損を出している。

この研究は、事実が経営に影響を与えないという一つの例でもある。我の強いオーナーたちは、最終的な損益に関心はない。とりわけ感情的な決断をするときにはそうである。ここでの事実は、球団所有はオーナーを喜びに浸らせてくれる行為であって、そのリスクに彼らはあまり関心を持っていないということだ。このような非合理的な決断をスローンは決して理解しなかっただろう。

事例❸クライスラー：サプライチェーンの改革

これは一九三〇年代のアメリカのビジネスにおいて見事に守られていた秘密だが、ドッジ、プリマス、クライスラーなどのメーカーであるクライスラー・コーポレーションは、実はエンジンしか製造していなかった。基本的にはエンジン以外の部品はすべて外部から調達していた。ピーター・ドラッカーが記しているように「製造は純粋に組立作業である。技術を大いに必要とする一方で、ビジネス上の意思決定はほとんど絡まない……組立は手作業であり、それに要する最も複雑な道具はレンチである」[13]

第二次世界大戦後に事業を拡大し、十万人以上の労働者を雇って世界第二位の自動車メーカーになったときに、クライスラーはこのコスト効率の高い製造方法を止めた。しかし設備投資を抑えた小さな工場によって三大自動車メーカーの中でも最高の利益率を稼ぎ出していた一九三〇年代のこの手法を、同社は数十年後のために温存していた。

話を一九八〇年代に進めよう。クライスラーの売上はかなり落ち込んでいた。同社は拡散しすぎていたサプライチェーンを今後どうすべきかを再検討すべき時期に差しかかっていた。それまで同社では、数多くのサプライヤーの中から最も安く納品してくれる会社を入札で選んでいた。常に利幅の縮小を強いられる部品メーカーとクライスラーの間には敵対的な関係が生まれていた。

クライスラーの経営陣は見直しの必要性を認識し、競合他社の状況を研究した。そして系列（keiretsu）と呼ばれる日本の商業哲学に目を向けた。それは、メーカーがピラミッド構造の中にサプライヤーや部品メーカーを擁する垂直型の関係を意味していた。自動車メーカーとサプライヤーが値切る側と値切られる側として敵同士になるのではなく、互いに連携するパート

[13] Peter F. Drucker, *The Practice of Management* (Harper Business, 1986 (1954)), p.230.

ナーとなる構造を築くことといえる。

アメリカ版ケイレッツの導入を決めると、同社は二五〇〇社あったサプライヤーの数を管理可能な一一〇〇社に減らした。また、非現実的な仕様や無理のある納期の押しつけもやめた。

サプライヤーを意思決定プロセスに招き入れたことも新たなパートナーシップの特徴だ。両者が互いの利益のために協力し合う協調的な打ち合わせの中から、商品開発サイクルの短縮、製造コストの低下、そして調達の効率化という新たなメリットが生まれた。二五〇ドルだったクライスラーの一台当たり利益は一九九四年には二〇〇〇ドルに上がった。

さらに同社はスコアー（SCORE: supplier cost reduction effort）というコスト削減プログラムを実施して、サプライヤーパートナーに部品コストの削減を呼びかけた。クライスラーは各サプライヤーに年五％の削減目標を与える。このプログラムに参加したサプライヤーには削減した額の五〇％がクライスラー社から返金される。

スコアプログラムにはサプライヤーに対するおまけがもう一つあった。サプライヤーは削減した額の五〇％を手元に残すこともできるし、クライスラーに戻すこともできる。戻した場合はその金額分がサプライヤーのスコアポイントとして加算されてゆく。そしてポイントが高ければ高いほど、そのメーカーに対する発注が約束される仕組みだ。

自動車製造に係る各種業務を請け負っているマグナ・インターナショナルは、削減した三八〇〇万ドルの半分をクライスラーに戻し、スコアポイントを大幅に上げた。その見返りとしてクライスラーはマグナからの購入額を二倍の十五億ドルに増やした。

これらの取組みを通じて、ダイムラー・ベンツと合併する前のクライスラーは、調達関連で約四十億ドルものコスト削減を達成することができた。

スローンの教え「知るべき事実は何か」

事実は企業や組織のあらゆる側面の意思決定に不可欠だ。直接得られる場合も間接的に得られる場合もあるだろう。いずれにせよ、組織を改善し、業績を上げ、成功に導くような計画を立てるためには、〝事実〟は必要不可欠であると言える。

事実を重視すべき最大の理由は、当たるも八卦当たらぬも八卦の勘だのみではなく、現実に立脚して経営判断を下すためである。スローンはかつての当て推量による事業見通しを改め、事実を重視して意思決定を行った。そしてその姿勢を「科学的アプローチ」と呼んだ。

表層的な事実観察の危うさ

「統計の嘘」や「事実はあらゆる見解を証明できる」というフレーズを経営者はどれほど耳にしてきたことだろう。意思決定者は事実だけに頼りたいと思うし、事実だけが彼らを安心させてくれる。しかし、表層的な〝事実〟把握は、その奥にあるより根本的な事実——真実とでも呼ぶべきもの——を覆い隠している場合もある。

ニューヨークのある銀行幹部が、市内に五つある行政区すべての小売業者に対する融資を担当する中小企業融資担当の取締役に抜擢された。

彼は難解な数式を作ったり複雑な統計を眺めたりするのが好きで、「事実」というものに心を奪われていた。そこで、部下たちを各支店に訪ねて、事実にもとづく発想と正確な簿記を教えようと、面会の予定を立てた。

最後に会った部下は、中小企業融資の担当者だった。彼の支店は七番街に接する衣料メーカーの中心に位置していた。取締役は彼に来年度の収益性を左右する最も重要な要因は何だと考えているかと尋ねた。

担当者はすかさず答えた。「それは間違いなくテニスウェアです」。

取締役はその返事に驚いた。支店の収益予測に影響を与えるものといえば、金利や融資条件の緩和など金融面の変動要因だと思っていたからだ。この「テニスウェア」という風変わりな返事の意味について彼は尋ねた。

融資担当者は説明した。この地域の衣料メーカーの大半が、女性物のテニスウェアに来シーズンの社運を賭けている。その賭けが当たればメーカーたちは貸し付けた金を遅れずに返済してくれる。テニスウェアの流行が来シーズンまでもたなかったら、メーカーたちは売れ残りの在庫を抱えることとなる。そうなれば彼らは返済不能に陥り、ひいては支店の収益低下につながるという。融資担当者はにっこり笑って言った。「それが当支店の〈事実〉です」

表出しているデータと現実は時に食い違うことがある。真に知るべきことは、バランスシートや定量調査が示すより、深いところにあるべきことも多い。

事実の値段

企業を対象に、国別、産業別、産業内セグメント別にデータを提供する市場は広く存在する。経営者にとっての問題は、そのデータを手に入れるためのコストに見合うメリットが得られるかどうかだ。企業が検討すべき課題はスローンが抱いた疑問の中にある。「我々に必要なデータは何か？　なぜ我々はそのようなデータを必要としているのか？　そしてそのデータを入手するにはいくらかかるのか？」

多くの場合、わずかなコストで、顧客アンケートなどに含まれるデータから有益な情報を得ることができる。

また、実態調査をしてくれる外部のコンサルタント会社、サービス提供機関、データバンクなどは他にも数え切れないほどある。いずれにせよ、データは勘よりは正確な実態を見せてくれる。

しかしながら、ドラッカーは次のような警告を発している。

「手続き（つまり事実）は判断が不要なレベルまで来たとき初めて機能する。……しかし報告書や諸手続きの扱い方で最もよくある間違いは、上からコントロールを及ぼす道具としてそれらを使うことだ」[14]

[14] Drucker, 前掲 *The Practice of Management*, p.133.

第5章

海外の市場をとらえる

アメリカ企業は百年以上にわたって海外の市場、中でもヨーロッパに強い関心を抱き続けてきた。海外に事業拠点を築こうとすれば、不動産や人件費など莫大なコストを必要とする。その点で輸出は最も簡便な方法だ。海外からの受注によって輸出を行えば有利な取引ができるし、煩雑な業務について海外で代理人を雇えばよい。

フォードがイギリスに初めて車を輸出したのは一九〇三年のことだった。一九〇五年にはロンドンにショールームを開設して四百台の車を売った。そしてかの有名な組立ラインがヨーロッパで初めて一九一三年にイギリスで始動することとなる。

イギリスにおけるフォードの成功は、その当時、業務担当バイス・プレジデントを務めていたスローンの関心を引いた。いかにしてフォードやヨーロッパの自動車メーカーたちとグローバルな市場で戦い、競争に勝つか。これがスローンとGM幹部たちの課題になる。それは当時のアメリカ企業に共通するものだった。

「輸出で勝負するのか海外生産で勝負するのかを決断しなければならない」[1]

スローンは海外での事業展開を考える際にアメリカ企業がぶつかる問題を的確にとらえていた。それは今日のアメリカ企業経営者にも共通するテーマだ。すなわち、コストを抑えて輸出に特化するか、より大きな売上と収益をめざして、巨額の海外拠点設立投資に踏み切るかだ。

欧州進出の試み――シトロエン買収計画

一九一九年の秋、スローンとGM役員の一団はシトロエン・カンパニー（創立者アンドレ・シトロエン）を買収するためフランスを訪れた。GMは同社に五〇％出資し、本格的な海外進出を始めるはずだった。

アンドレ・シトロエンはフランス最高峰の工科大学エコール・ポリテクニックの出身者だ。第一次世界大戦中に砲兵隊将校として従軍したシトロエンは、フランス軍には軍需品、特に砲弾が不足していることを知る。フォードの組立ラインのようなシステムを作れば、日産一万個の砲弾を生産できる。そう考えた彼はフランス政府を説得し、フランスのジャヴェルに、おそ

[1] Sloan, 前掲 *My Years with General Motors*, p.314.

らくは世界で初めて軍需品を大量生産できる近代工場を設立したのだ。第一次大戦が終わるとアンドレ・シトロエンは自動車に関心を戻し、フォード同様、一車種のみを製造することに決め、一九一九年にシトロエンの第一号車であるタイプAを作り始めた。

彼はアメリカの自動車メーカーのほうが技術的に進んでいることを理解していたし、自分の会社を五〇%売却すれば、金が入る上にアメリカメーカーのノウハウも手に入ると考えた。しかし、この交渉にはすぐに横槍が入った。スローンはこう書いている。

「一つには、戦時中に大きな貢献をした会社にアメリカ資本が入ることをフランス政府が快く思わなかったのだ」[2]

第一次世界大戦の恐怖――そして恐ろしいほどの兵士の死亡率――は、西部戦線の塹壕戦の舞台となったフランス国土に、まだ重く覆いかぶさっていた。アメリカ企業が同社を買収することに対する拒否反応はナショナリズムの問題だった。それ以来、二十世紀を通して、さらに二十一世紀に入ってからも、アメリカのメーカーは海外において繰り返し同じ問題に突き当たることになる。

そのような状況に加えて、GMの視察団が見たところ、シトロエン経営陣の水準はアメリカ企業ほど高くなかった。そしてスローンと（当時GMにいた）クライスラーの二人ともが、シトロエンの舵を取るためにフランスに赴任することを拒んだこともあり、この買収はご破算になった。

もっとも、GMからの資金援助を受けなくても、アンドレ・シトロエンはその後、立派に成功をおさめた。一九二〇年代にはフランスで組立ラインを確立し、「ヨーロッパのヘンリー・

[2] Sloan, 同書 p.317.

フォード」と呼ばれた。女性をターゲットにして革新的な広告やマーケティングを展開したことでも知られている。そして一九三〇年代にはアメリカのビッグ・スリーに次いで世界第四位の自動車メーカーとなった。

初のヨーロッパ進出の試みを契機に、スローンは他の買収相手の可能性についても検討を始めた。しかしシトロエンの一件からいくつかの建設的な教訓を学んでいた。とりわけ大切な教訓は、自国で生まれ育った企業がアメリカの巨大企業に飲み込まれることを喜ぶ国はないということだった。

イギリスでの実験

一九二〇年代、シトロエンの買収が失敗に終わるとGMは、アメリカ車に対して高い保護関税を課しているイギリスに目を向けた。この関税は英国首相ハーバート・アスキースの下で内務大臣と大蔵大臣を務めたレジナルド・マッケンナの名を取って、マッケンナ関税と呼ばれた。マッケンナの任務は膨らみ続ける第一次大戦の戦費を調達することだった。彼はそれを所得税と輸入関税の増税によって賄った。スローンはこう記している。

「いわゆるマッケンナ関税は、外国車の前に圧倒的な関税障壁として立ちはだかった」[3]

本来、マッケンナ関税は第一次世界大戦のための急場しのぎの関税だったが、多額の税収が徴収できる上にイギリス国内の製造業保護にも役立ったため、一九五六年まで続けられた。

[3] Sloan, 前掲 *My Years with General Motors*, p.318.

アメリカの自動車メーカーは、関税に加えて、馬力に応じて課される車両登録税にも耐えなければならなかった。登録税の規定は内径が小さいイギリスのエンジンに有利で、アメリカ車には不利だった。スローンの計算によれば、シボレーを持つイギリス人が負担する年間維持費は国産車の場合の二倍近くとなる。マッケンナ関税と国産車より高い車両登録税という二重の枷をかけられる輸出は、明らかに不利なビジネスだった。

一九二四年、スローンは年産一万二〇〇〇台の自動車メーカー、オースチンの買収を検討するため、GMの視察団をイギリスに派遣した。しかしオースチンの資産評価額について折り合いがつかず、交渉は決裂した。スローンはこう書いている。

「実のところ私はその知らせを聞いてほっとした。なぜならオースチンには六年前、当時のシトロエンと同じような欠点があったからだ。工場施設は貧弱で、経営陣は脆弱だった」[4]

イギリスの新聞が「金回りの良いアメリカ人の求婚者がはにかみやの乙女（オースチン）を口説きにやって来た」と書き立てたとき、GMはまたしてもナショナリズムの壁を感じた。さらに対外強硬路線をとるマスコミの中には、イギリスの製造業はイギリス国民が所有するべきものであり、外国企業に売却されるべきではない、と主張するものもあった。

しかし、スローンは現地の否定的な論調に足を引っ張られることなく、ヴォクスホール・モーターズ社の買収には承認を与えた。同社は一九〇三年から五馬力の自動車を製造していた企業だ。GMはこの買収を海外生産における一つの実験と見なしていたが、スローンにはまだためらいがあった。

[4] 同書 p.319.

大規模な国際的事業には損益以上のリスクが伴う。東海岸に生まれ、大学教育を受け、国際的な視野を持っていたスローンは、ＧＭがヨーロッパに進出すれば他方面でも影響が出てくるだろうと気づいていた。

「海外への事業拡大については、明確な方針を策定し終わるまでのこの数年間は、ゆっくりと慎重に事を進めてゆくべきだろうと私は考えていた」[5]

「ＧＭの海外進出が財界と政界の両方に大きな論争を巻き起こすことは必至だった」[6]

「何年も前から気づいていたことだが、高度に工業化の進んだ国であれば、とりわけ自動車のように重要な分野において、市場が外部から搾取されることを、手をこまねいて見ているわけはなかった」[7]

一九二八年、次に持ち上がった問いはイギリスでヴォクスホールが製造する車の大きさだった。スローンはイギリスでの高い車両登録税を避けるためには内径の小さいエンジンが好ましいと考えていた。しかしシボレーのような小型車種をヨーロッパで生産する展望について検討を重ねてゆくうちに、イギリスのヴォクスホールではなく、ドイツで生産することに、スローンの気持ちは傾いていった。

国内メーカーから国際メーカーへ――オペル買収

ヨーロッパ市場を研究していたスローンは、ドイツのオペルという会社に興味を引かれた。

[5] Sloan, 前掲 *My Years with General Motors*, p.320.

[6] 同書 p.324.

[7] Sloan, 前掲 *Adventures of a White-Collar Man*, p.203.

その経緯を語るには、ヴィレム・パールブームという人物の話から始めなくてはならない。オランダ領東インド諸島の植民地バタビア（現ジャカルタ）で複雑な金融の世界を学んだオランダ人だった。

パールブームは二十世紀最初のＭ＆Ａコンサルタントであり、財務に関して天才的な能力を持っていた。彼の専門は双方の利益になるような合併の実現にあり、彼が取り持った案件の中でも歴史的快挙と言えるのは、イギリスの石鹸メーカー、リーバ・ブラザーズとオランダに拠点を置くマーガリン・ユニの合併だ。

パールブームは両社のビジネスモデルが似通っていること、そして両社ともヨーロッパ全域をマーケットとして家庭用品を販売していることに気がついた。彼のイニシアティブによって一九三〇年にユニリーバが誕生した。それは当時のヨーロッパにおいて、コルゲート・パーモリブやプロクター＆ギャンブルなどの米国の巨大洗剤メーカーに対抗できる大企業の誕生を意味していた。

この合併の意義は、イギリスとオランダという二つの異なる国家背景を持つ一つの会社が作られた点にあった。その二つの会社を運営する一つの役員会を作るというアイディアもパールブームの発案だった。

そのパールブームが、一九二〇年代の後半、ドイツのラッセルハイムで一八九九年に創業したアダム・オペルという自動車メーカーの経営者が、歳を取って経営に疲れてきていることを察知した。彼は、ドイツ政府が他のヨーロッパ自動車メーカーによる同社の買収を認めないことを知っていた。そこで彼はアメリカの自動車メーカーにオペルを買ってもらえないかと考え、目をつけたのがGMだ。彼は資金計画を詳細に詰め、ミシガンへ行ってスローンと面会した。GMが関心を示すと今度はドイツへ戻って取引を受け入れるようオペルを説得した。ドイツ政府から反対の声は上がらなかった。

スローンはアダム・オペル・カンパニーが、ヨーロッパで初めてアメリカのシステムに近い製造組立ラインを使用した自動車メーカーであることを知っていた。第一次世界大戦後の歯止めの利かないインフレからドイツが回復し、自動車に対する需要が大幅に高まった一九二〇年代中頃に、オペルはドイツ最大の自動車メーカーとなった。一九二八年におけるオペルの総生産台数は四万三〇〇〇台だった。

いつものように事実を集め、委員会のコンセンサスをとり、多様な意見に耳を傾けた上で、スローンはGMの海外展開を研究するグループを正式に発足し、オペル工場の調査と、ドイツとヨーロッパ市場の分析を命じた。

「設備投資と組織拡大という観点からみれば、これはGMが現在の経営・管理体制をとって以来、最も重要なステップである」[8]

ディーラーのネットワークや製造工場などオペルに関する事実を精査した上で、GMは同社の株式の八〇%を合計二六〇〇万ドルで購入し、さらに一九三一年には一〇〇%獲得した。ドイツ政府はこの買収に何ら留保条件をつけることなく賛成した。

[8] Sloan, 前掲 *My Years with General Motors*, p.324

「オペルを買収し、ヴォクスホールを立て直す過程で、GMは重要な変化を経験した。GMは国内メーカーから国際的メーカーへと変貌を遂げ、自社製品を売れる市場があればどこへでも進出してゆく準備が整ったのだ」[9]

GMはただちにオペル工場に新たな設備投資を行い、旧式の建物を改築した。GM傘下で、オペルは買収される前の一九二八年から八年間で三倍以上に生産台数を伸ばす。スローンの自伝によると、一九六二年にオペルは三七万八八七八台の販売台数を記録していた。一九三〇年に買収されたときの二万六三一二台からすると驚異的な伸びだ。

GMにとって、このときオペルを買収したことは幸運だった。米国を大恐慌が襲う前にヨーロッパでの拠点を確保できたからだ。恐慌が起こると、アメリカ車の売上は国内で激減しただけでなく輸出においても急激に落ち込んだ。世界的に経済が回復した一九三七年には、ドイツとイギリスにおけるGMの生産台数（一八万八〇〇〇台）が、北米とカナダを合わせた輸出台数（一八万台）を上回っていた。海外生産台数が輸出台数の合計を上回ったのは初めてだった。

二〇〇三年、オペルの年産は六三万台に達しており、ドイツで第二位の自動車メーカーとなった。思いがけないことだが、合併から何十年も経つうちに、アメリカの巨大自動車メーカーがオペルを所有しているという事実を知っている（あるいは気に留める）ドイツ人はほとんどいなくなった。一八六二年に質の良いミシンを製造し、のちに五人の息子たちとともに自転車を製造した創業者アダム・オペルの名を残すことによって、GMはオペルのブランド価値を維持し、大成功を収めたのである。

[9] 同書 p.328.

海外展開を支えたスローンの慧眼

海外進出を試みる企業にとって大切な課題の一つは、現地の慣習や文化に対する理解を深めることだ。外国での商慣習の違いや翻訳上の問題から海外進出に失敗した事業や商品・サービスはたくさんある。

ジョン・ケネディ大統領がベルリンを訪問した際、「イッヒ・ビン・アイン・ベルリナー」と言った。本人は「私はベルリン市民である」と言いたかったのだが、「アイン・ベルリナー」というのはドイツ語で「甘いロールパン」を意味する言葉だった。孤立した都市ベルリンの人々との連帯を表現するには「イッヒ・ビン・ベルリナー」と言うべきだったのだ。

ハーバード大学で教育を受けたアメリカ大統領でさえ、このように無邪気な間違いを犯すのだから、外国語を十分に勉強していない企業が、海外で商品の名前をつけたり宣伝を行ったりする際に失敗を犯したとしても驚くには当たらない。実際そのような例はいくらでもある。

- 北米で「シボレー・ノヴァ」というブランド名で販売されていた車が中南米で売り出される予定だった。しかし〈ノヴァ〉(no va) というのはスペイン語で「走らない」という意味を持つことを知った会社は〈カリブ〉という名前に変えて売り出した。
- ドイツの金物チェーンのゲッツェンはイスタンブールに〈ゴット〉という名で店をオープ

ンしようとしたが、トルコ語で「ゴット」は「尻」という意味だった。

●アメリカン・モーターズはプエルトリコで〈マタドール（闘牛士）〉という車を販売しようとして現地で軽蔑された。プエルトリコではマタドールは「人殺し」を意味し、闘牛そのものが数百年前に法律で禁止されていた。

●中国での広告に、ペプシは「ペプシはあなたの生命力を甦らせる」というアメリカで使っているスローガンを使用した。しかし中国語の訳では「ペプシはあなたを墓から甦らせる」となっていた。

●〈コカコーラ〉に近い音をもつ中国語を充てようとして同社が最初に考えた漢字は「蝌でできたオタマジャクシをかじれ」という意味になっていたため、「お口に幸せ」★という意味の漢字に変更した。

●アメリカの大ベビーフードメーカーであるガーバーがフランス進出の際、決して正式社名を使用しないのは、**gerber** という言葉はフランス語で「吐く」という意味だからだ。

GMが海外において成功を収めることができたのは、スローンの慧眼と慎重なプランニング、さらにはシトロエンやオースチンに関する失敗経験のおかげだ。一九五九年にGMはブラジルに小さな工場を作った。一九九九年にはスウェーデンの自動車メーカー、サーブを買収している。（同じ時期にフォードはボルボを買収している）。グローバリゼーションによって、GMの工場は世界各地に建てられた。

★　可口可楽

外国にはそれぞれ独自の文化があり、それに応じてGMはビジネスの方法を変えていかなければいけないということを学びながら、スローンは慎重かつ賢明に海外進出を進めたのである。

事例❶ゲンザイム：自社の強みの移植

輸出が成功すると今度は海外に事業拠点——通常は製造拠点——を置こうと考える企業が出てくる。その場合、土地を買って新しい工場を建てる、あるいは既存の施設を買い上げて自社の事業目的に合わせて作り変える。この二つのうちのどちらかがまず思い浮かぶ。

マサチューセッツ州ケンブリッジにあるゲンザイム・コーポレーションはさらに一歩踏み込んだ選択肢を用いてヨーロッパ市場への進出に成功した。ドラッグ・デリバリー★の巨大企業である同社は、ヨーロッパで既存の製薬会社を買収し、従業員も丸ごと引き取る方式をとった。

ゲンザイムの基本的な方法は、自分たちの厳格な製薬基準に合う工場（薬品工場、クリーンルーム、適切な電力設備など）を探し出し、短期間で製造ラインに手を加えることだ。こうすれば、土地買収、建設費などに多額の資金を投じなくて済むし、フィージビリティ・スタディ、建築プランなど、自社製品を市場に出すまでにかかるロスタイムによる莫大な費用損失も避けられる。さらに、経験豊富な従業員を見つけたり、訓練したりするための面接や雇用にかかる費用を背負い込む必要もない。しかるべき会社を買収すればそのような従業員は既に揃っているのだから。

★ 特定の患部のみに薬物を到達させて効果を発揮する技術

当然、生産ラインを切り替える間に多少の遅延は生じる。しかし、ゲンザイムの製品は医薬品・ドラッグ・デリバリー関連であるので、たとえば異なる車種を生産したり新しい機械を製造したりする場合と違って、工場内設備に根本的な変更はない。

ゲンザイムが最初に買収した会社はイギリスのケント州にあったホイットマン・バイオケミカル・カンパニーだった。一九八一年に行ったこの買収が欧州連合内に設立された最初のゲンザイムだ。のちに同社製品に対する需要への高まりに応じて施設は拡大された。

一九九四年、ゲンザイムはスイスでシゲナ・カンパニーを買収した。ここではペプチド、脂質などこれまでのゲンザイム製品とは異なるものが製造された。さらに同様の手法でアイルランドのウォーターフォード県、ベルギーのヘールにも進出していった。ヘールではタンパク質分子を製造している。

ゲンザイムの海外進出法には三つの利点がある。

1　工場や設備への投資が低く抑えられるコスト効果の高いアプローチである。
2　新しい土地を選定するプロセスに割かなければならない時間を節約できる。
3　新しいスタッフを雇用するコストをかけずに、訓練された従業員をそのまま似たような製造業務に就かせることができる。

ゲンザイムには製薬会社を誘致したがっている世界中の経済開発局から引き合いがある。

しかしゲンザイムは土地だけの取引や空っぽの工場には興味がない。彼らが求めているのは、医薬品製造施設を買い取り、工場と人をゲンザイムのシステムに組み入れることだけだ。

この方法は、スローンのやり方を手本としているように見える。スローンはヨーロッパで買収したあらゆる自動車メーカーに対し、確立し成功しているGM流の質の高い自動車生産方法を見習うよう求めたのである。

事例❷ビジネス・インターナショナル：情報のモデル化

ある市場において、まだ誰も提供していないような独自の製品やサービスを提供することによって、海外での成功を勝ち取るアメリカ企業もある。スローンがスタイル重視や豊富な選択肢の提供とともにアメリカ車製造のノウハウをヨーロッパに持ち込んだとき、ヨーロッパの消費者と自動車産業の関係は変わった。

ビジネス・インターナショナル（ＢＩ）という出版社のケースを紹介しよう。同社は海外市場に興味を持つアメリカ企業に対して、週に一度データや情報を提供する仕事に価値があることに気づいた。同社によって海外情報の必要性や利用に関するアメリカ企業の認識は変わった。

ＢＩは第二次世界大戦後の世界各国の規制、政治の動き、経済情勢に関する情報を切望するアメリカ企業からの高まる需要に応えるべく、一九五〇年代後半にエルドリッジ・ヘインズによって設立された出版社だ。当時の地方紙、全国紙、経済専門雑誌などには、最新情報を伝えるレベルの高い記事は載っていなかった。

ＢＩの初期の成功は、国際的なビジネス報道に穴があることに気づき、八ページからなる週刊ニュースレター（社名と同じく『ビジネス・インターナショナル』と呼ばれた）の予約購読という形でその穴を埋めたところにあった。ＢＩは他のアメリカの出版社が真似できない通信記者の世界的ネットワークを構築し、現地からのルポルタージュを提供することができた。

ＢＩの報道内容は幅広く、主に世界各地のマクロ経済の情勢や政治の動きが取材されていた。時にはある国における具体的なビジネスチャンスなどをこのニュースレターがいち早く報道することもあり、アメリカ企業にとっては有望な手がかりを得られる情報源となっていた。

次第にＢＩはニュースレターの副産物として収益を産む商品を加えていった。たとえば海外で座談会を開催し、特定の産業セグメントや国に対するコンサルティングサービスを提供した。そして多くの場合はその会議内容を拡充して、その時話題になっている国際的なテーマについて白書のような小冊子を発行した。さらには海外でビジネスを行う際に役に立つハウツー本をシリーズで発行し始めた。

一九六〇年代を通してＢＩは海外のニュースと情報を提供する会社としては抜きん出た存在だった。アメリカ企業が海外、特にヨーロッパへ進出し始めると、ＢＩはジュネーブに第一号の海外オフィスを開設した。『ビジネス・ヨーロッパ』という二つ目の出版物をやはり予約購読形式の週刊ニュースレターとして販売した。これによりヨーロッパ内の通信記者のネットワークはさらに拡大し、ヨーロッパ市場の情勢についてより深い報道が可能になった。

ＢＩは、顧客がどのようなサービスや情報を求めているかを知るために、非公式な顧客調査をしばしば行った。多くのアメリカ企業が当時勢力を伸ばし始めていた中南米市場、特に加盟国（アルゼンチン、ボリビア、ブラジル、チリ、コロンビア、エクアドル、メキシコ、パラグアイ、ペルー、ウルグアイ、ベネズエラ）間の関税を引き下げて共同市場を確立する目的で一九六〇年に作られたラテンアメリカ自由貿易連合（ＬＡＦＴＡ）がどう発展してゆくかに関心を持っていた。

一九六五年、ＬＡＦＴＡの進展具合を取材するために、アメリカで教育を受け、スペイン語を話せる経験豊富な編集部員が、ＬＡＦＴＡ本部があるウルグアイのモンテビデオに送り込まれた。二年後の一九六七年、ＢＩは三つ目のニュースレター『ビジネス・ラテンアメリカ』を創刊した。これも週刊で予約購読の販売方式をとった。ヨーロッパで成功を収めた『ビジネス・ヨーロッパ』のフォーマットを踏襲し、ラテンアメリカでも通信記者のネットワークを広げ、顧客のために討論会やセミナーを開催した。

ＢＩの海外進出の最後の一手は、一九七〇年に香港で創刊した『ビジネス・アジア』だ。中国の事業環境に関する初期の報道のほとんどは、『ビジネス・アジア』が中国政府の役人に取材したものだった。

一九七〇年代の半ばまでには、ＢＩの顧客は地域密着の週刊出版物のリストから好きなものを選べるようになっていた。一九八一年、ＢＩは同社のコンサルティングサービスや討論会事業に魅力を感じたイギリスの雑誌『エコノミスト』よって買収された。

約三十年間にわたってＢＩは、世界情勢に関する必要不可欠な情報をアメリカ企業や外国企業に提供しつづけた。グローバル化の進んでいく中、ＢＩのニュースレターや小冊子は企業が必要とする情報の〝モデル〟としての役割を果たした。ＢＩが行ったことは、ＧＭが自ら編み出した多くの革新的な手法を買収先に導入することにより、ヨーロッパの自動車産業の質を変えたことに近いといえる。

事例❸ペプシ：世界のコーラ市場

ペプシが世界のコーラ市場にどのように進出を試みたかという話は、国際市場の未来を占う上で興味深いケースだ。これはまた機会の最大化についての歴史でもある。

海外進出の歴史は一九二〇年代にコカコーラ社がヨーロッパでいくつかのボトリング工場を開設したときに始まった。それから同社は第二次世界大戦中にアメリカ政府の許可を得て兵士たちに随行してヨーロッパに向かった。コカコーラの技術者たちは軍の作業着に身を包み、小さなボトリング工場で兵士たちのためにコーラを作った。戦後もコカコーラはヨーロッパ大陸における唯一のアメリカン・コーラとしての地位を守った。

一つ重要なことは、清涼飲料水の二大巨頭であるコカコーラもペプシも、その中核事業は米国内外でフランチャイズ契約を結んでいるボトラーへのシロップ販売であることだ。両社とも多少のボトリング事業を所有したり、それに対する投資も行ったりしているだろうが、資本も人件費も抑えられるシロップ販売の方が利益率は高い。ペプシもコカコーラも広告や販売促進には多額の資金を費やしているが、工場、瓶詰め機、従業員、トラックや配送員を含む流通コストなどの巨額の投資を背負うのは個々のボトラーなのだ。

ペプシは第二次大戦中どこにいたのだろうか？　一九四一年にペプシはアメリカ南部を中心に販売されていたナショナルブランドだった。戦時中は瓶のキャップを赤・白・青の愛国的な三色に変えて応援した。しかし海外（アルゼンチンとソビエト連邦）で多少の商標登録を行った他には一九三〇年代には目だった海外事業は行っておらず、一九四〇年代の後半になるまで瓶詰め業者を探し始めることもなかった。その頃にはコカコーラはヨーロッパのみならず世界各地でフランチャイズ網をしっかりと確立していて、ペプシには太刀打ちできない存在になっていた。成熟したヨーロッパ市場において、ペプシがいかに広告プランやマーケティングプランを練り上げて挑戦しても、プロモーションが始まった翌日に「ハイウェイを走っているのは大きくて真っ赤なトラックだった★」とペプシの当時の役員は振り返る。

一九九〇年代の半ば、ペプシは海外で成長するためにはインド、中国、ブラジルなどの新興市場でコカコーラと戦うしかないと気づいた。これが明察であったことは人口予測が裏付けている。二〇二五年までに中国の人口は十二億人から十四億人に、インドは十億人から十四億人に、ブラジルは一億七六〇〇万人から二億一六〇〇万人になると予想されている。仮にペプシがこれら三か国のどの市場においても最大シェアを獲得できなかったとしても、利益を上げられるだけの十分に大きな市場があることはまちがいない。

中国には他の国にはない問題があった。外国企業は現地パートナーとなる会社を自ら選ぶこ

★　赤はコカコーラのシンボルカラー。ペプシは青

とはできず、中国政府が選んだ企業を受け入れなくてはならないのだ。失業者の多い地域の雇用を増やすためだけに、清涼飲料水のボトリング経験をいっさい持たない会社をあてがわれることも往々にしてある。

さらに中国政府の規制では、ペプシに限らず合弁事業やパートナーシップ契約を結ぼうとする外国企業に対して、ヨーロッパや南米では当然与えられる取引交渉における裁量権というものが認められない。交渉相手はつねに「もの言わぬ」中国政府なのだ。

コカコーラと戦える中国、インド、ブラジルで多額の投資を続行するより他にペプシに選択肢はない。莫大な人口を抱え、成長を続けるこれら第三世界の国々には十分なマーケットシェアが存在し得る。

第三世界で生活水準が向上するにつれて、海外進出の未来はますます可能性に満ちてくる。しかし経営者たちは、海外で歩き始めるまえに、まずはハイハイの仕方を学ぶべきだ。落とし穴はたくさんあるし、利益を手にするのはたやすいことではない。

一九五五年ベネズエラ。ペプシは現地ビジネスマン、オズワルド・J・シスネロスというボトラーと独占契約を結んだ。それ以来数十年の長きにわたり、有力な親戚と優れたビジネス手腕を持つシスネロスファミリーはペプシのフランチャイズを上手に経営してきた。ベネズエラは世界でもまれな、ペプシのシェアがコーラのシェアを上回っていた国であった。コカコーラは長い間、ベネズエラでのペプシのシェアに切り込もうと、数百万ドルもの広告費や販売促進費をつぎ込んできた。しかしシスネロスファミリーのおかげでベネズエラではコーラのシンボルカラーといえばペプシ・ブルーだった。

コカコーラはこの憂鬱《ゆううつ》な問題をどう解決しただろうか？　一九九六年、コカコーラはシスネロスファミリーに対して一四億ドルを提示して製造、ボトリング、流通のすべてをコカコーラに切り換えるよう提案した！　一夜にしてペプシ・ブルーの自動販売機、スーパーマーケットの清涼飲料水用冷蔵庫、レストランのナプキン・ディスペンサーがコカコーラの赤に変わった。たった一つの署名によって、五〇年近くに及んだベネズエラにおけるペプシの覇権は跡形もなく消え去ったのだ。

ペプシはコカコーラへの訴訟を起こして応酬し、国際司法裁判所で勝利を勝ち取った。同時にペプシは別のボトラーとすぐに契約を結んだ。それ以来、莫大な資金を投じたシェア争いが始まり、現在はコカコーラが七〇％、ペプシが二四％を占める寡占状態となっている。

事例❹ハーゲンダッツ：欧州市場を拓く

文化面での相違、あるいは技術的な問題が自社の商品・サービスの海外展開を阻害することも多い。ヨーロッパやアジア市場に浸透するまでに、長い時間を要したアメリカンスタイルのアイスクリームだ。

米国ミネソタ州の食品メーカー、ピルズベリー・カンパニーがニューヨークに起源を持つハーゲンダッツアイスクリームを一九八三年に買収したときに下した最初の決断は、スーパーマーケットでの販売を増やして事業を拡大することだった。売上を増やすためには大規模な小売市場が最大のチャンスの場となる。多少価格が高くても、ハーゲンダッツは高品質で乳脂肪たっぷりのプレミアムアイスクリームを食べたいと考える大人に人気を博するだろうと同社は考えた。

ピルズベリーは一九八〇年にバーガーキング、一九八六年にグリーン・ジャイアント・カンパニーを買収したが、逆に一九九二年にイギリスのホテル経営を中心とする巨大複合企業グランド・メトロポリタン・コーポレーションに買収される。グランド・メトロポリタンの経営陣はピルズベリーよりもヨーロッパ市場に通じていたし経験豊富だった。彼らはピルズベリーがこれまで買収してきたハーゲンダッツを含む会社のヨーロッパにおける進出プランを構想した。

ハーゲンダッツの見通しを検討する上でグランド・メトロポリタンがあらためてヨーロッパの市場を調べたところ、昔からヨーロッパにおいてアイスクリームは、主に子ども向けの風変わりな食べ物と捉えられていることがわかった。イギリスならびにアイルランド全域において、アイスクリームといえば、夏になるとバンが売りに来る季節商品だった。ヨーロッパ全体でもアイスクリーム――実際にはシャーベット、ジェラートと氷菓を指す――は、道端のスタンドや屋台で販売される商品だった。ヨーロッパに来たアメリカ人観光客がどこでも目にするのは、ソフトクリーム・コーンにチョコレートとナッツをトッピングしたコルネットというユニリーバの商品だった。どこから見ても子どものおやつだ。

一九八〇年代後半の時点で、ヨーロッパには大量生産・販売されているアイスクリームはなかったし、各地域で作られているアイスクリームにアメリカ製の高価で高乳脂肪のプレミアムアイスクリームに近いものはなかった。それゆえに、次の三つの理由で市場を評価するのは困難だった。まず長年にわたって大人がアイスクリームを食べてこなかったこと、一パイント★入りのパッケージがスーパーマーケットチェーンで扱ってもらえるかどうか不確かであること、そしてヨーロッパに大量のアイスクリームを生産できる製造工場が存在しないことだ。

グランド・メトロポリタンは、資金を掛けずに手っ取り早くハーゲンダッツの感触をヨーロッパで試すために、大都市に一、二軒の小売店をオープンすることを決めた。アメリカから輸入したアイスクリームでロンドン（レスタースクエア）とパリ（ヴィクトル・ユーゴー広場）に旗艦店を開くゴーサインが出た。その二つの場所が選ばれた理由は、歩行者が多いこと、その中にアメリカ人観光客が含まれていることだった。この二軒の店はアメリカで最も見栄えのいいフランチャイズ店に似せて作られた。唯一の違いはグランド・メトロポリタンの直営店である点だ。

大々的な宣伝広告と、とりわけ地元紙の食品面担当者への周到な広報活動を行ってから旗艦店はオープンした。開店初日、ロンドンでもパリでも長い列が出来始め、時間帯を問わず味見をしに客が来るようになった。アメリカ人駐在員たちの間で、とうとう「本物の」プレミアムアイスクリームが食べられるようになった、と口コミで噂が広まるにつれ、好奇心に駆られたヨーロッパ人たちがその濃厚な味を試し、彼らもまたハーゲンダッツに合格点を与えた。

★ 1パイントは500ミリリットル弱。いわゆるファミリーサイズ

(同様のハーゲンダッツ小売システムは、グランド・メトロポリタンとサントリーの共同生産によって、東京でも始まった。日本での一番人気はグリーンティーだそうだ)。

ハーゲンダッツは、ヨーロッパで急速に伸び続ける需要に応えるため、フランスのアラスに製造工場を設けた。しかし将来の業績拡大にとって小売店の売り上げ以上に重要なことは、ヨーロッパ人が持ち帰り商品としてプレミアムアイスクリームを受け入れたことであり、その後ヨーロッパのスーパーマーケットの冷凍ケースにアイスクリームが登場したことだ。

ハーゲンダッツはアメリカ製のアイスクリームとバラエティに富んだフレーバーをヨーロッパに紹介した最初の会社だ。二〇〇四年までに、ハーゲンダッツのアイスクリームは南米を含む五四か国七〇〇軒におよぶカフェで販売されるようになった。二〇〇〇年、グランド・メトロポリタンはロンドンのレスタースクエア店を改装し、座り心地の良い赤紫色のソファを置いた。このような客席はこれまでのアメリカのアイスクリームショップにはなかったものだ。

ハーゲンダッツのアイスクリーム、シャーベット、フローズンヨーグルトに対する需要が世界各地で伸びるに従い、同社の可能性はこれからも広がる。アメリカでの大規模なアイスクリームの小売販売システムとは全く逆に、数件のカフェから小さく売り始めたことで、ハーゲンダッツブランドはヨーロッパの市場に参入する正しいアプローチを見出したと言える。

国内で好評を博したGMの新たなスタイリング・コンセプトも、ヨーロッパ市場で受け入れられるには時間がかかった。アメリカンスタイルのアイスクリームが受けた抵抗と同じくらい、大きなアメリカ車と不恰好なテールフィンに対する抵抗は強かった。

イノベーションが国境を渡るのには時間を要する。スローンは、大きなアメリカ車が小型のヨーロッパ車にとって代わるべきだと頑なに主張したことは、一度もなかった。ヨーロッパ人の収入（実際には平均的な労働者が車の頭金を貯めるのに何週間働く必要があるかで比較する）はアメリカ人労働者の収入よりも低かったし、ヨーロッパには、アメリカのように国土の津々浦々に張りめぐらされたハイウェイシステムもなかったことをスローンは理解していたのである。

ハーゲンダッツがヨーロッパで成功をおさめると、他の米国企業も、自分たちにもヨーロッパに進出の余地があるかどうか関心を持ち始めた。またその頃アイルランドでは、アメリカ人起業家のマーフィー兄弟がアイスクリーム市場の覇権を争ってハーゲンダッツと勝負する構えだった。アイルランドはヨーロッパで三番目に一人当たりのアイスクリーム消費量が多く、スーパープレミアム商品の新興市場として期待が寄せられていた。

マーフィー兄弟のケースは、粗末な武器を手に巨人ゴリアテに立ち向かったダビデのストーリーそのものだ。ただし今のところ巨人を倒すには至っていない。ケーススタディとして見ると、この話は新興の中小企業がいかに賢く立ち回って君臨する巨大企業から市場のニッチセグメントを奪い取るかという参考になる。また新ブランドが、トップブランドが道を切り拓いたあとに、どのようにして国際市場に参入してゆくかという例としても興味深い。

キアランとショーンのマーフィー兄弟はニューヨーク州ロックランド・カウンティの出身で、父親のフィンバーがアイルランド生まれだったため、アイルランドとアメリカの二重国籍を持っていた。マーフィー兄弟の両親は、スイスで創業された国際的なヘルスケアブランドであるヴェレダ社のアメリカ支店オーナーとして、ヴェレダ・ナチュラル・ケアとヴェレダ社の医療品を扱っていた。息子たちは二人とも十代のときから、そして大学を出てからも家業を手伝い、製造、マーケティング、販売に携わった。こうして二人は専門性の高い商品群を扱う小さな会社の経営に精通するようになった。

両親が引退を考え始めた頃、一家はアイルランドの西海岸にある人口二〇〇〇人のディングルという絵に描いたように美しい小さな町（映画『ライアンの娘』の撮影地）に移り住んだ。そしてマッサージとアロマセラピーを提供する自然療法センターを作ろうと考え、大きなコテージを購入した。経営はキアランが担当した。

数年やってみたがセンターの業績は安定しなかったため、キアランは別のビジネスを考え始めた。その頃アイルランドでは景気が上向き始めていた。何かしらアメリカから売れそうなアイディアを持ってきて、この景気の波に乗ることはできないものか……キアランの心には常にそんな思いがあった。一九九九年にヨーロッパ本土とイギリスで休暇を取っていたときに、ハーゲンダッツがどの大都市でも買えるようになっていることと、ダブリンでもアイスクリームカフェが繁盛していることに彼は気づいた。

夏には安定した旅行者が訪れ、特にアメリカ人観光客が多いディングルでも小さなアメリカ式のアイスクリームショップが成り立つのではないだろうか？

二〇〇〇年、マーフィー兄弟はアイルランドの新たなナショナルブランドを作る足がかりとして、アイスクリームショップをオープンする決意をした。ショーンはペンシルバニア州立大学でアイスクリーム作りの学校へ通った。ロンドン経由で輸送した新品のアイスクリーム製造機には予定外のお金と時間がかかった。

マーフィー兄弟は二〇〇〇年四月にディングルのダウンタウンにある小さな店を改装してアイスクリーム製造機を設置し、夏の観光客が来始める前に購入面や機械面での問題を解決しておこうと考えた。大いなる期待をもって、二人は最初のチョコレートアイスクリームを完成した。もうかるビジネスを約束してくれるものとなるはずだった。ところが蓋をあけてみると、そこにあったものはアイスクリームではなく、バター（状のもの）だったのである。これはアイルランドの牛乳が一般的に、殺菌（パスチャライズ）処理はされていたが、アイスクリームの製造に必要な均質化（ホモジナイズ）処理はされていなかったことによる。しかしながら幸運なことに、アイルランドで一軒だけ均質化処理をした牛乳を扱っているサプライヤーを後日なんとか見つけることができた。

最初の夏のビジネスは上々だった。半信半疑の目で見ていた地元の人たちまでが、アメリカのアイスクリームにはこれまでにない美味しさがあるし、多少高くてもその価値はあると納得するようになった。しかしシーズンが終わるとディングルは元の人口の少ない町に戻り、店は閉店した。兄弟は翌年、夏の間アメリカ人観光客でにぎわう別のアイルランドのリゾート地に、二号店をオープンする事業計画を練ってみた。

しかし兄弟が他のアイルランド観光地の賃貸料を調べてみると、驚いたことにかなり高騰していた。二号店でも一年のうちたった四、五カ月だけアイスクリームを売ったのでは利益は望めなかった。またオフシーズンにチリコンカルネ、ハンバーガー、フィッシュアンドチップスなどを扱うアイディアもあったが、旅行客が去ったあとに激減する人口を考えると賢明な選択とは言えなかった。

マーフィー兄弟は自分たちのアイスクリームをパイント単位のパッケージに入れて、スーパーマーケットビジネスでハーゲンダッツと張り合う方向に焦点をシフトした。しかし見るからに資金に乏しく無名の零細企業が、数十億ドル規模の超大企業と同じマーケットセグメントで、どう太刀打ちしようというのか。

資金は個人の出資金とアイルランドの国営開発機構から得られた。新たな資金を得て、マーフィー兄弟は自分たちの店とスーパーマーケットで売るためのアイスクリームを生産する工場スペースをディングルの郊外に借りた。アイルランドらしさを打ち出し、地元で手に入る材料を使って他にはない製品を開発することで、ハーゲンダッツが作っているアイスクリームとの差別化を図った。

アイルランド人が作ったアイルランド製のアイスクリームであることを強調するために、マーフィー兄弟はウェブサイトで手作り少量生産のコンセプトを強調し、フレーバーの名前を英語とアイルランド語で併記した。

〈マーフィーズ・アイスクリーム〉は数々の賞を受賞し、今日ではアイルランドの主要都市の高級スーパーマーケットならどこでも扱われている。スーパープレミアムアイスクリームの消費が急激に拡大していたときに、マーフィー兄弟はアイルランド人に新しいアイルランドの味を提供できるポジションにいた。いつかアイルランド生まれのマーフィーズ・アイスクリームが他のＥＵ諸国へ輸出されるようになって、ハーゲンダッツと競い合う日が来るかもしれない。

ただ他国に踏み込むのでなく

増収を目指すなら海外市場に目を向けるのも一つの方法だ。経済がグローバル化を遂げる昨今、中国のような国の新興市場における消費は、爆発的に拡大する寸前まで来ている。ここでの問いは、一九二〇年代にスローンが抱いた質問と同じだ。「どのような形で海外事業を行うのがベストな方法か？」

輸出――目標の明確化

輸出は最も財務面でのリスクが低く、簡単かつ経済的な方法であるが、アメリカ企業にとっては長年、懸念の種となってきた方法でもある。たとえばボストンに拠点を置く会社が国土をまたいでシアトルに出荷するときには何の心配もないが、同じ会社が同様の注文をイギリスのリバプールから受けるとなると不安が生じる。

自社の商品やサービスに対する市場を確立しようと思ったら、まず取るべきステップは輸出だ。販売チャネルや金融面での手法が似通っているEU内においてはとりわけそう言える。輸出は、新たなビジネスが海外でも通用するかどうかの市場テストとして有効だ。輸出で成功をおさめれば、海外におけるそれ以上の可能性――ジョイントベンチャー、ライセンス契約、販売拠点や製造拠点の設立――を展開してゆくことも考えられる。輸出を始めるにあたっては、当たり前だがまずは次のようなことを考えてみる必要がある。

- その商品またはサービスは自国内でよく売れているか。イエスの場合、輸出すれば売れそうな、国内と同じような条件がその対象国に存在するか。
- その商品またはサービスは、他社が同じように作るのは難しいものか。他社比較優位なもの（たとえば特許権など）を正しく押さえているか。
- 御社は輸出機会の追求に向け、人と時間を充てられるか。収益性を実現するために長期的な観点を持てるか。

なぜあえてこれらを箇条書きしたのか。それは、輸出に踏み込むことを決めても、その後ほとんど注意を払わず、十分なスタッフや資源を充てない企業は、実は案外多いからである。輸出目標は設定しても、実現する具体的な方策を立てることを怠る、あるいはそもそも最初の売上予測が過度に高いようなこともよく観察される。

輸出を考える企業が犯しがちな間違いは、世界中に市場を求めようとすることだ。一番良いのは国内市場に最も近い性格を持った海外市場を見つけることで、一つの国や地域に集中するのがまずは賢明な始め方といえよう。

海外拠点——文化の違いを理解する

輸出の成功が確認されたら、次は海外での営業拠点もしくは製造拠点を探すことになろう。これにはさらに長期的なコミットメントと相応の投下資本が必要となる。また、外国にはそれぞれ異なる文化とビジネスの進め方がある。その国の企業の特定のビジネスモデルに合わせて当初の戦略の変更を余儀なくされることはよくあることだ。

世界初の近代的な靴製造業者であるチェコスロバキアのバーター・シュー・カンパニーのケースには、異文化の問題がよく表れている。第一次世界大戦後、トーマス・バーターは営業事務所を開設しようと、極東へ旅立った。インドでバーターはインド人の履物の大半が皮ひもで作られたサンダルであることに気づいた。ズリーンにある彼の工場では年に二〇〇万足の靴が生産されている。その工場の床に散らばっている無用となった皮ひもの山が、バーターの脳裏に閃きを与えた。その皮ひもをインドに輸出してバーターブランドのサンダルとして製造できれば、捨てるはずだった皮を使って新規の海外事業を立ち上げ、収益を倍増できることになる。

トーマス・バーターはプラハのインド大使館に連絡を取り、インドでサンダルを製造したいという同社の目的を伝え、バーター社の靴作りを学ぶために現地のサンダルメーカーをチェコスロバキアに寄こしてくれるよう依頼した。大使館は、インドは全く異なる一二の民族・言語地域からなる国だからということで、各地域から二名ずつ、合計二四名の人間を送り込んできた。

トーマス・バーターの次なるプランは、インド現地でサンダル製造を監督するチェコ人マネジャーを一二地域に対して一名ずつ雇うことだ。バーターがマネジャーたちに与えた指示は明快だった。「これから数カ月、インドのサンダルメーカーの者たちと生活を共にして彼らの現地語を学びなさい。そしてインドに行ったら現地の労働者たちとはその言語で話すように」

チェコでの六カ月におよぶ研修を経て、インドのサンダルメーカーから来た人々とチェコのマネジャーたちはインドへ戻ってサンダル製造を始めた。何千ポンドもの皮の切れ端が集められ、ズリーンからカルカッタにあるバーターの支店に輸送され、そこからインド内陸にある一二の支部に振り分けられた。

一年後、トーマス・バーターは事業の評価をするため再びインドを訪れ、一二の支部を一つずつ訪問し、最後にカルカッタ支店に到着した。インド国内の売上は上々だった。自分のアイディアが大当たりして高収益事業となったのだから、喜色満面の社長に会えるだろうと支店長は期待していた。

そして支店長が出迎え開口一番、「社長、インドでのバーターサンダル事業の成功をご覧になって、さぞご満足のことと存じます」と言うと、バーターはしかめ面で答えた。「いや、満足しとらん。誰も彼もがチェコ語でしゃべっとるではないか！」

外国のビジネスピープルもある程度は英語を話すが、現地の言葉を学ぶことは常に相手の文化に関心を持っていることの証といえよう。

ペプシ・インターナショナルからも良い教訓が学べる。同社ではレイズ・ポテトチップスの製造については、すべての国で画一的な商品が作れるように共通の「ゴールド・スタンダード」を用いているが、その土地の味覚に合わせた味やその土地特有の調味料を取り入れる柔軟性もある。アメリカ人経営者は、仮に海外の市場や消費者がどれほど国内市場と似ているように見えたとしても、文化的にも社会的にも異なるマーケットであることを初めから認識するべきである。

これらのケースから得られる教訓は、企業は現地の文化や慣習に適応するべきだということだ。

スローンも、ヨーロッパの自動車部門には現地の役員を登用すること、現地の問題については逐一デトロイトにお伺いを立てなくても決裁できる権限を彼らに与えることを常に重視していた。

スローンの教え「海外市場は延長線上にあらず」

スローンは海外事業に関する戦略を策定、実施した最初のアメリカ企業幹部だ。彼はスタイルと価格に多少の変更を加えれば、ＧＭ製品は海外市場でも受け入れられると考えた。そのためヨーロッパ市場ではアメリカ車よりも小型の、オペルのような車ばかりを製造したのだ。

スローンは二冊目の自伝『GMとともに』で、アメリカ企業には海外で事業を行う役割と使命があるが、国内とは異なるアプローチが必要だと主張している。

「なぜなら海外市場はアメリカ市場の延長線上にあるものではないからだ」[10]

アメリカでビジネスの原則を確立したスローンだが、一方で、外国の市場には異なる特性があり、異なるタイプの自動車が求められていることを理解していたのである。

[10] Sloan, 前掲 *My Years with General Motors*, p.313.

第6章

プロフェッショナルを育て、任せる

スローンとGMの各部門を担った才能豊かな男たちは、一つひとつが明るい輝きを放つ星が集まってできた星座にたとえることができる。

彼はGMで優秀かつ進取の気性に満ちたスタッフ陣を築いた。それ以前のアメリカにおける組織の成功例といえば、南北戦争でリー将軍が率いた南軍と、グラントが率いた北軍くらいだろう。海外へ目を向ければ、十九世紀フランスのナポレオン軍も成功した組織モデルと言えるだろう。

効率的に経営されている企業と、統制のとれた軍隊の組織構造には共通点がある。事実、スローン時代ならびにスローン後のGMに向けられた賞賛と批判の中には、階層構造を持つ軍隊の組織構成と、多数の事業部からなる組織配列との類似点が挙げられていた。
一九二三年にスローンはGMの社長に就任し、世界最大規模の従業員集団を統括する立場に立った。当時の他の大企業とGMとの違いは、GMは自動車事業部、トラック製造部、機関車製造部、多数の部品やアクセサリー関連会社からなる部門など、明確に定義された事業部制の側面を持っていたことだ。GMの拡大に応じてスローンはスタイリング、エンジニアリング、財務、マーケティングなどの部門を加え、最後に人事部を設けた。

スローンの分権体制下では、各部門に自立した強力なリーダーシップが求められた。スローンの才能の一つは、各部門にそれぞれ高い力量を備えた幹部を抜擢したことだ。各部門の運営をプロフェッショナルな人材に任せることにこだわったスローンの姿勢は、彼の達成した偉業をいっそう際立たせている。人事に関して質問を受けた彼は次のように慎重に答えている。
「重要な決定を正しく下すという職務に対して、GMは私に相当な報酬を払っている。社にとって重要な決定という点から考えて、人事管理に勝るものがあるだろうか？」[1]
「人事に関する決定以上に重要な問題はない。そしてそれは、〈もっと良い人材〉がいるはずだと夢想することではない。一企業にできることは、適材を適所に配置することだけであり、そしてそれは業績の向上をもたらすのである」[2]

[1] Drucker, 前掲 *Adventures of a Bystander*, p.281.

[2] 同書 p.281.

スローンが描いた組織図

スローンは会社全体と各部門について詳細な組織図を描いた。一九三七年の組織図で、彼は株主を一番上に置いた。企業が株主のものであることを忘れさせないためだ。株主の下には取締役会を置き、さらにその下には方針策定委員会と方針運用委員会の二委員会を置いた。両委員会とも次のレベルであるポリシーグループを経てCEOと取締役会につながっている。

CEOと各ポリシーグループをつなぐラインも展開している。流通、エンジニアリング、製造、PR、労務、海外事業、人事、財務だ。スローンにとって、方針決定機関が各事業部や子会社の上位に位置するのは筋の通ったことだった。また、ポリシーグループはCEO直属だった。

一九二〇年代のフォード・モーターズの組織図は、GMとはかなり異なっていたことだろう。最高位はヘンリー・フォード一人によって占められ、社内にはマネジャーたちが意見を述べる術はなかった。製品がT型フォードただ一つである場合、組織は一つの目的をうまく達成する効率の良い軍隊のような形になる。

一九三七年より以前に描かれた米国企業の組織図はほかにもあるが、スローンの一九三七年の図は最も枠数が多く、広範囲に展開されている。八つの主要事業部のグループに加え、その主要八グループの下には個別機能を持つ七五個以上の異なる部署（GMアクセプタンス・コーポレーション、フリジデア、ビュイック、ベンディックス飛行機など）が存在する。そしてこれらたくさんの部署に各々マネジャーが配置されていた。

スローンを支えた人々

スローンはどの分野の人にも見られないある特質を持っていた――彼の最初の自伝Adventures of a White-Collar Man（あるホワイトカラーの冒険）からは彼が自分のことをスタッフと現場で共に働くプロ経営者として認識していたことがわかる。二冊目の自伝『GMとともに』では、スローンはヘンリー・フォードとGMのウィリアム・デュラントの独裁経営について多く言及している。GMのように規模が大きく業務内容が多岐にわたる企業では、確かなスキルを持ったプロのマネジャーたちを配置する必要があると、スローンははっきりと理解していた。

スローンは誰からも抑制を受けない無制限な力を持った「オーナー」によってアメリカ企業が支配される時代を終わらせることに成功した。そして経営者とマネジャーの時代への移行を達成した。またこの転換によって、中ランクと高ランクのマネジャーたちに、社内で豊富な種類の仕事に携わらせる機会を与えた。スローンは数多くのポストに適切な人材を選び、報いるコツを心得ていた。

「私には人を見分ける力があるとお考えかもしれないが、そんな人間は存在しない。いるのは時間をかけて正しい人事決定を行う人と、誤った人事決定を下して後で悔やむ人だけである」[3]

[3] Drucker, 前掲 *Adventures of a Bystander*, p.281.

スローンは「三〇日ルール」を強く支持していた。それは適切なマネジャーを選んだら最初の三〇日間でGMのシステムをしっかり叩き込み、的確に業務を遂行できるようにするというルールだ。

『企業とは何か』★を執筆するため二年間、GMの会議に出席したピーター・ドラッカーは、「経営方針よりも人事に」[4]多大な時間が割かれていることに驚いた。CEOであるスローン自身が数多くの人事決定に積極的に関わっていた。ある部門の長を決定するのに要した時間の長さについてドラッカーはスローンに尋ねた。

「スローンさん、あんな下のポストの決定になぜ四時間も費やすことができるのですか?」

スローンはこう答えた。

「もし正しい配置を行うためにここで四時間費やさなければ、その過ちを始末するために後で四百時間取られるでしょう。そんな時間こそ私たちにはないのです」[5]

ドラッカーはこうした人事関係の議論が白熱しがちであったことを記している。委員会のメンバーはスローンの前でも自由に自分の意見を述べられることを知っていた。スローンは候補者についての反対意見と賛成意見の議論にじっと耳を傾けていて、最後に委員会が出した結論とは逆の決定を下すこともあった。特にその人物が皆から冷淡に扱われていると感じたときはそうだった。

★ Peter Drucker, *Concept of the Corporation*, John Day, 1972.
ピーター・ドラッカー著『企業とは何か』上田惇生訳、ダイヤモンド社、2005年

[4] Drucker, 前掲 *Adventures of a Bystander*, p.281.

[5] 同書 p.281.

あるマネジャーについて、スローンはこう言った。
「確かに彼は頭が切れるわけでも仕事が速いわけでもない上、冴えない感じだ。だがこれまでしっかり実績を上げているではないか！」[6]
そしてドラッカーによると、このとき名前があがっていた人物が後にGMの重要な事業部で活躍するマネジャーの一人となる。その人物のキャリアはスローンの介入によって救われたのだ。
スローンがGMで共に仕事をした、あるいは彼自身が採用を決めた幹部たち一人ひとりについて詳しく見ていこう。彼らがどのような能力を持っていたか、そしてスローンが彼らをどうGMの経営の中で活かしたか。事実、スローンが彼らと出会い、彼らと共に仕事をする機会がなければ、これほど説得力のある「スローン式経営」は生まれなかったことだろう。

ウォルター・P・クライスラー――〝自動車を知りつくした男〟

クライスラーは自動車メーカーの効率的な運営と人事について、スローンに最も深い影響を与えた人物だ。スローンは自分自身が自動車製造業での経験を持っていなかったため、職人気質と、自動車に関する知識（彼が独学で得たもの）と、エンジニアリングにおける天才的才能を兼ね備えたクライスラーのような人間が身近に必要であることを理解していた。スローンとクライスラーがGMで共に過ごした時間は短く、わずか二、三年のことだった。しかし二人の友

[6] Drucker, 前掲 *Adventures of a Bystander*, p.282.

情はクライスラーが一九四〇年に亡くなるまで続いた。

クライスラーのGMにおけるキャリアは、デュラントが彼をビュイック・カンパニーの工場長に任命した一九一一年に始まる。一九一六年までに、クライスラーの鋭い勘とエネルギー溢れるリーダーシップにより、ビュイックは生産量を十二倍に伸ばし、世界有数の自動車メーカーになった。

パッカード・モーターズが社長の座を用意してクライスラーを引き抜こうとすると、デュラントは彼の給与を五万ドルから五〇万ドルに引き上げた。もちろんクライスラーはGMにとどまった。そしてクライスラーのリーダーシップの下で、ビュイックは年間五〇〇〇万ドルの収益を上げた。デュラントの超高給オファーが正しかったことが証明された。

だが皮肉なことに、順調に出世の階段を登って取締役バイス・プレジデントに就任すると、クライスラーはデュラントの行き当たりばったりの経営スタイルに直面することとなる。ダイナミックな経営者デュラントと自動車の天才クライスラーとの間には縄張り争いが起こった。デュラントが友人をひいきするために、生産効率性を上げようとするクライスラーの目標が邪魔され、それが主な争いの種となった。

加えてデュラントが会議の間でもしょっちゅう電話を取ったり、クライスラーやスローンなど幹部たちを何時間でもニューヨークの本社ビルの廊下で待たせたまま、ウォールストリートの連中と株の話に興じたりしていることも、クライスラーには我慢ならなかった。

ついに一九二〇年、クライスラーはさじを投げ、GMを辞めた。デュラントの過剰な拡張路線が、いずれ財政破綻を引き起こすだろうことをクライスラーは見抜いていた。そしてその洞察が正しかったことは、一九二〇年にGMで財政危機と在庫危機が始まったときに証明された。デュポン・カンパニーのピエール・デュポンとジョン・ラスコブがGMの救済に乗り出したときには、クライスラーは既に、ウィリス・オーバーランド・カンパニーという自動車メーカーでCEOとして働く魅力あるオファーを受けた後だった。そしてウィリス社との二年間の契約期間を終えたとき、クライスラーは四八〇〇万ドルあった同社の借金を一八〇〇万ドルにまで減らしていた。どの産業分野においても考えられないようなコスト削減をやってのけた結果だった。

数年の時が過ぎ、フォードの業界トップの地位をGMが脅かすようになると、スローンはこの調子で成長が続けば独占禁止法に抵触するとして、GMが連邦政府から目をつけられる可能性が高まると考えた。自動車とトラック産業において五〇%以上のシェアを占めることは、会社にとって得策ではなかった。この問題に対してスローンは見事な解決策を持っていた。「スローンはクライスラーに創業を促した。クライスラーが自分の名を冠した会社を興したその背景には、フォードの凋落を目の当たりにしたスローンが、他ならぬGM自身のために強力な競争相手の存在が必要であると考えたことが大きく影響していた」[7]

スローンは早い時期にクライスラーと友人関係を結び、自動車のメカニズムを隅々まで知り尽くした彼が自動車メーカーの経営者として典型的な成功者タイプであることに気づいた。スローンとの会話の中で、デュラントのずさんな経営について最初に苦言を呈したのもクライス

[7] Sloan, 前掲 *My Years with General Motors*, p.viii.

ラーだった。その後クライスラーがＧＭを飛び出してよその会社に転職した結果、ポストが空いて、幸運にもスローンは会社のトップに登りつめることができた。そしてスローンはＧＭ社長の立場からクライスラーに独立を勧めることができたわけだ。

トップクラスの業績を上げる自動車メーカーのオーナーであり、百万長者としても有名人になっていたウォルター・クライスラーは、一九二八年、『タイム』誌のマン・オブ・ザ・イヤーに選ばれた。クライスラーは東四二丁目と東四三丁目の間に土地を購入し、ウィリアム・ヴァン・アレン設計による美しいアール・デコ様式のクライスラー・ビルディングを建てた。エンパイア・ステートビルが建つまでは、七七階建てのクライスラー・ビルが世界一の高層ビルだった。クライスラーは、自分のオフィスの窓から西五七丁目に建つ小さくてあまりぱっとしないＧＭのビルを見下ろすことができた。

ピエール・デュポン――〝資金と人材の提供者〟

二十世紀初頭、デュポン・カンパニーは火薬メーカーから化学会社に変貌しつつあった。デュポン家の三人の従兄弟、トーマス、アルフレッド、ピエールは、全員マサチューセッツ工科大学（ＭＩＴ）出身者で会社の近代化を監督した。三人とも新しい世紀が新たな産業の形をもたらすと確信していた。

デュポン・グループにとって、ＧＭ株の購入は避けては通れないものだった。第一次大戦の終結に伴い、独占的に利益を上げることができた軍需ビジネスは途絶えてしまい、新たに設けた化学部門から同レベルの配当はとても見込めなかったため、他の産業にも手を伸ばさざるをえなかったのである。自動車産業には将来性があるように見えたし、GMの自動車製造には、ファブリコイド（人造皮革）、パイラリン（プラスチック材）、ニスなど、デュポン製品を活用できるところが多く存在したのである。

当初デュポン社はGM株を二四％保有していたが、一九二〇年にGMが破綻の危機に陥った際、持ち株を五〇％にまで増やした。ピエール・デュポン（一八九〇年MIT卒化学工学理学士）には他の役員たちと共にデュポン社の経営再構築に取り組んだ経験もあった。

初めてスローンと会ったときに強く要請され、ピエール・デュポンはGMの社長に就任した。彼は同時にデュポン社の経験豊富な財務マネジャーたちを何人か連れてきた。その一人がデュポン社にGM株の大量購入を勧めた張本人で、自動車産業とGMの未来の繁栄を早くから信じていたジョン・J・ラスコブであり、もう一人はドナルドソン・ブラウンだった。

ジョン・J・ラスコブ――〝財務の達人〟

ジョン・J・ラスコブはタイプや速記をする秘書としてデュポン社でのキャリアをスタートさせた。しかし財務の達人だった彼はピエール・デュポンの目に留まる。そして同社の財務部長に昇格し、後には取締役会ならびに経営委員会のメンバーとなった（スローンはラスコブのキャリアを貧しい少年が出世するホレイショ・アルジャーのストーリーになぞらえた★1)。

ラスコブの財務の腕を必要としたピエール・デュポンは、彼をGMの財務委員会のバイス・プレジデント兼議長に任命した。デュポンが指揮を執った一九二〇年と二一年において、スローンは経営委員会のメンバーであり、デュポンのメインアシスタントを務めていたが、GMにおけるポジションはラスコブよりワンランク下だった。

スローンはラスコブの優れた才能をすぐに見抜いた。

「彼の欠点――あえて〈欠点〉と呼ぶとすればだが――攻撃的で性急なところだろうか。しかし同時にそれは長所でもあった。ラスコブほど自動車産業の未来を的確に見据えていた男は多くない」[8]

ラスコブがGMで成し遂げた経営面での功績はさまざまだ。彼は財務責任のシステムを変え、GMアクセプタンス・コーポレーション(GMAC)★2も作った。従業員の貯蓄・投資プランを作ったことも忘れてはならない。しかし最大の貢献は、新たな現金管理システムを作ったことである。これによりGMはたくさんあった取引銀行の現金残高を減らし、同時にすぐに提供してもらえる信用枠を拡大することができた。この新しい方法により、GMは余剰現金を短期債投資に回すことができ、その結果、短期の実現利益が増加した。

一方でラスコブは、GMに一悶着をもたらした。一九二八年にラスコブは民主党の大統領候補アル・スミスの選挙資金を集めるチーフ・ファンドレイザーとして、新たなキャリアへの

★1 ホレイショ・アルジャーは、独立心と勤勉によって貧困から立身出世を遂げる主人公を描いた少年読物の作家

★2 GMAC; General Mortors Acceptance Corporation. p.184 参照

[8] Sloan, 前掲 *My Years with General Motors*, p.44.

一歩を踏み出し、後にはスミスの大統領キャンペーンの責任者を務めるようになった。だが、ラスコブの政治への関心は、スローンが考える「プロフェッショナルな経営者が持つべき責任の規範」と相容れないものだった。経営者というものは公の場では政治的中立を保つべきであるとスローンは考えていた。

一九二八年の大統領キャンペーンが続く中、スローンはマスコミにGMが特定の候補者と強く関連づけてとらえられていることに気づき愕然とした。いつしかGMは共和党の大統領候補ハーバート・フーヴァーに対抗する立場であるかのような印象を世間に与えていた。どちらかの候補に肩入れして、政治とビジネスを混同するのはGMにとって危険だとスローンは信じていた。ところがラスコブは当時GMの取締役会長職にあったピエール・デュポンを説得して、アル・スミスを応援する資金提供と宣伝を行うよう説得したため、状況はさらに悪化した。

ラスコブが辞任するべきか、選挙が終わるまで休職するべきかで意見が割れたが、スローンが取締役会を説得した結果、ラスコブは辞表を提出せざるをえなくなった。スローンの伝記の著者は次のように記している。

「スローンはアメリカのビジネスマンのために〈企業経営者〉という新しい役割を形成しようとしていた。特定の政党に露骨に肩入れして政治工作に関与することは、企業の役職にある者の振る舞いとしてふさわしくなかった」[9]

その後すぐ、ピエール・デュポンも政治がらみのいざこざに巻き込まれ、取締役会長の職を休職せざるを得なくなった。

[9] Farber, 前掲 *Sloan Rules*, p.120.

ラスコブとデュポンのアル・スミス贔屓とバランスを取るために、とうとうスローンが対立候補のハーバート・フーヴァーと共に公の場に出ざるを得ないところまでこの件は発展した。これによって、中西部の保守的なディーラーたちを中心にわだかまっていたGM内の不満が解消された。彼らはGMがアイルランド出身カトリック教徒である民主党のアル・スミスを支持していると感じて不満を抱いていた。

この出来事は、スローンの最重要原則の妥当性を二つの点で実証した。一つは、会社は政治的に偏った意見を持たないということ。もう一つは、GMの幹部は会社のイメージを損なう可能性のある行動を取るべきではないということだ。ラスコブとデュポンは、会社役員にも政治プロセスを通じて社会的、経済的変化を起こそうとする権利と責任があると論駁した。スローンはその考えに原則として賛成したが、GMに悪影響を与えない場合に限ると主張した。

驚くことではないが、政治がらみの気の滅入るようなこの一件について、スローンは二冊の自伝において一切触れていない。もしかしたら再度語ることによってGMのイメージが傷つくことを恐れたのかもしれない。

スローンはそれからも政治には悩まされた。とりわけルーズベルト政権下で実施されたニューディール政策は悩みの種だった。彼自身もGMも、決して政策論争や政争に巻き込まれないようにスローンは細心の注意を払った。他のGM役員たちに対しても、またGMを辞めて政府の高官となった人々に対してさえも、政治的信念の話になるとラスコブのときと同様、スローンは冷淡な態度を取った。

ドナルドソン・ブラウン――〝数字の専門家〟

スローンが一九二一年にGMを引き継いだとき、ドナルドソン・ブラウンはデュポン社から二番目に送り込まれた役員だった。財務担当バイス・プレジデントとしてGMに入り、一九二四年には経営委員会のメンバーにも任命された。ブラウンの数学的かつ理路整然とした頭脳は、スローンがGM刷新の拠り所とした『組織研究』の精神とぴったり一致した。

経歴を簡単に紹介しよう。十三歳でヴァージニア工科大学に入学し、十七歳で電気工学の学位を取って卒業する。二十四歳でデュポン・カンパニーに入社し、財務部長まで昇進する。デュポン社時代のブラウンは、エコノミストや統計の専門家を招いて長期プランを作ることの重要性を最も早い段階で認識した財務担当役員だった。

ピエール・デュポンの部下だったころ、ブラウンは、原価計算に影響を与える変数のコントロールをもっと強化するよう指示を受けた。彼は資本利益率（ROI）、株主資本利益率、資本回転率の原則を導入し、事実にもとづいて正確な売上とコストを予測するという独創的な手法を編み出した。そして一九二〇年にデュポンとラスコブを手伝うためにGMに来たとき、それらの財務会計システムをすべてGMに持ち込んだ。

スローンはそれらの財務管理や予測が大切であることに気づいた。

「財務手法は今日（一九六四年）では非常に洗練されているため定型業務のように見えるかもしれ

[10] Sloan, 前掲 *My Years with General Motors*, p.118.

ないが、財務モデルというものは、……戦略的な決定を下すための重要な基盤となるものだ」[10]

デュラントが火をつけたGMの危機を受けて、ブラウンは在庫管理の長期方針を策定した。彼が書いた再建計画は「財務委員会の方針もしくは適切な事業慣行に従って在庫をコントロールする」[11]ものだった。GMにおける新たな財務管理システムの極めて重要な第一歩となったこの計画をスローンは高く評価した。

スローンはドナルドソン・ブラウンの中に自分と似たものを見ていた。ブラウンも大学教育を受けたエンジニアであり、事実と内部統制を重要視していた。その財務分野における専門知識に触れたスローンは、〝信じるに足る生産予測を立てる〟という課題を彼に与えた。その結果、設備投資、運転資金、売上、在庫管理を含む四カ月単位の予測システムが生まれた。

またブラウンは海外進出の方針を立てる責任者でもあった。GMの画期的なボーナスおよび報酬プランを考案したのもブラウンだ。報酬プランはアメリカ企業における最初の統計的モデルとなった。さらに才能ある人材を選び出して最も高いランクのマネジャーに昇進させるシステムを提案したのも彼だ。

さらにブラウンは、GMの各事業部の成功度を測るための資本利益率も考案した。これらのシステムによって、スローンは在庫量と運転資金がどのように資本回転率に影響しているか詳しく調べることができた。ブラウンのシステムは、スローンと経営委員会が部門ごとの業績基準を設定するためのツールとなった。

一九二〇年代以降のGMに対するブラウンの貢献は相当なものだった。彼はGM経営陣の中

[11] 同書 p.127.

でもその能力と少々エキセントリックな言動でピーター・ドラッカーを感心させた数少ない人物だ。経営陣の他のメンバーからは、ブラウンは「ＧＭの頭脳だが、彼の言語は意味不明」[12]と言われているとドラッカーは書いている。ドラッカー自身は深い思考力を持ったこの財務の天才をこう描写している。

「まるで最悪のドイツ人教授の講義さながら、彼の話は注釈や条件、例外の列挙から始まり、その半分は数学の方程式で、もう半分は社会学用語で埋め尽くされ、その話がどこへ向かおうとしているのか誰にも分からない」[13]

このように難解なしゃべり方をするブラウンがやっていけたのは、スローンがその数学的ニュアンスを通訳できたからだ。一九三六年と三七年にミシガン州フリントで起きた自動車労働者組合のストライキのとき、スローンがＧＭのスポークスマンとしてブラウンを起用したところに、ブラウンの忠誠心に対するスローンの信頼がうかがわれる。

ドナルドソン・ブラウンは一九四六年にスローンが社長を退くまでＧＭで働いた。その後もＧＭとデュポン・カンパニーの取締役会のメンバーとしてとどまったが、一九五九年に最高裁が両方の会社の取締役会に在籍することを独占禁止法違反とする判決を出したときに退任した。

ウィリアム・クヌドセン――〝陣頭の指揮官〟

フォード社のＴ型フォードを追い落とすにはシボレーの価格を下げ、品質を上げてＧＭの主

[12] Drucker, 前掲 *Adventures of a Bystander*, p.263.

[13] 同書 p.264

力製品とするしかないとスローンが気づいたとき、戦略陣頭指揮を取るマネジャーが必要となった。その人物がウィリアム・クヌドセンだった。彼は当時既にシボレー事業部にいた。スローンとクヌドセンが協調体制を取ると、収益はただちに上がり始めた。

デンマークに生まれたクヌドセンは、他の移民たち同様、新天地での成功を夢見て一九〇〇年にアメリカへやって来た。身長一八七センチ、体重九〇キログラム余りの大男で、他の男たちが音を上げるような重労働でも一人で最後までやり通すつわものだった。

彼は十四歳で鉄道工場の工作機械工の見習いとして働き始めた。そして、クヌドセンには、クライスラーに通じる、機械面での天賦の才があった。機械をいじりながら設計を改良することや、仕事をする中から工夫をこらして新しいものを生み出すことが出来る男だった。自転車造りも自動車の部品造りも自由自在にこなした。さらに大量生産品をなるべく安く作る本能も持ち合わせていた。やがて一九一三年、クヌドセンはヘンリー・フォードの目に留まった。彼自身にもフォードの組立ライン生産は理想的な職場に思えた。フォードではスチール・スタンピング（プレス加工）を担当した。

だが、クヌドセンは自由奔放な性格であったため、ヘンリー・フォードの独裁的なリーダーシップの下では苛立つことが多かった。

スローンはクヌドセンとの実り多きパートナーシップの始まりを記憶していた。「モット（ウェストン・モット・カンパニーの元社長）はビル（クヌドセン）が仕事のできる男であることに気づいていた。そして今よりもっと大きな仕事ができると信じていた。『クヌドセンさん、いくらお給料を差し上げれば良いでしょうか？』『お任せします。私は数字を決めに来たのではありません。チャンスを求めて来たのです』」[14]

スローンは初めクヌドセンをGMのアクセサリー事業部のユナイテッド・モーターズに配属した。後にクヌドセンはチャールズ・ケッタリングと共に、例の空冷式エンジンの製造に関わり、研究部門でも任務を与えられた。空冷式エンジンのプロジェクトが終わったころ、当時既に社長に就任していたスローンはクヌドセンをシボレー事業部の部長に抜擢した。スローンの伝記の著者は、この人事についてこう記している。

「スローンは、クヌドセンならできると分かっていたし、シボレーを成功させるためならクヌドセンにあらゆるチャンスを与えるつもりだった。もしもGMが、スローンが信じているような業界トップの会社になれる可能性があるとすれば、シボレーの成功は不可欠だった」[15]

クヌドセンの指揮の下、シボレーの売上は爆発的に増えた。「価格はより安く、品質はより高く」というスローンの戦略が正しかったことを消費者が証明した。二人の緊密な協力関係は長年続いたが、そのことも、スローンが決断し、クヌドセンが指揮をとるやり方が成功を収めたことを物語っている。

クヌドセンは経営に関して自分の強みと弱みをよくわきまえていて、販売やマーケティング面での問題があれば、遠慮せずにスローンに尋ねた。クヌドセンは取締役バイス・プレジデントを経て、最終的にはGMの社長を務めた。

一九四〇年、フランクリン・ルーズベルト大統領からクヌドセンにワシントンへ来て軍需産

[14] Sloan, 前掲 *Adventures of a White-Collar Man*, p.138.

[15] Farber, 前掲 *Sloan Rules*, p.97.

業工場の指揮を執ってほしいとの誘いがあった。当時は多くのＧＭ幹部が戦時の務めを果たすよう政府から選ばれた。ＧＭの有能な社長を失うことになったスローンは意気消沈し、ルーズベルト（スローンはルーズベルトを嫌っていた）は君の才能を利用するだけしたら君を捨てるだろう、とクヌドセンに忠告した。一九四二年に生産管理局長だったクヌドセンがお払い箱となったとき、スローンの言葉が正しかったことが証明された。

スローンは、シボレーから選んだ優秀な人材を、強いリーダーシップが求められる社内の他のポジションに好んで配置するようになった。シボレーで経験を積むことを経営面での最高の訓練と見なしていたのである。

「シボレー事業部で育った者たちを他の事業部の戦略的ポジションに配置することで、シボレーの長所を全社に行き渡らせたいと考えた」[16]

チャールズ・E・ウィルソン――〝従業員の理解者〟

最高の人材を配置したスローンの手法に関して、最後に詳しく論じられるべき人物はチャールズ・E・ウィルソンだ。彼は一九四〇年にクヌドセンが辞めた後の空席を埋めるためにスローンが自ら念入りに選んだ社長だった。ＧＭを辞めた後、ウィルソンはアイゼンハワー政権において国防長官としても功績を上げた。

ウィルソンといえば国中から抗議が殺到した失言で有名だ。一九五三年、国防長官就任に

[16] Sloan, 前掲 *My Years with General Motors*, p.170.

先立って行われた上院における指名承認公聴会での宣誓証言で、「国のために良いことならば、GMにも良いことだろうと思ったし、その逆もしかりだと考えた」と言った。しかしこの発言はマスコミによって省略され、歪められ、「GMにとって良いことはアメリカにとっても良いことだ」と発言したと伝えられた。この発言には少なからず真実が隠されていたが、憤慨したマスコミと自動車業界内外のGM批判者たちによって不遜きわまりないというレッテルを貼られてしまった。

ウィルソンは一九〇九年にカーネギー工科大学（現在のカーネギー・メロン大学）で電気工学の学位を取得した。初めのころはウェスティングハウス・エレクトリック社で自動車用電気機器の開発に携わっていた。一九一九年、GMの子会社レミー・エレクトリックでチーフエンジニアと販売部長を兼任する。同社は後に始動モーター、発電機、交流発電機などの製造で有名になるデルコ・レミー社の前身だ。

ウィルソンのデルコ・レミー社における聡明で誠実なマネジャーとしての仕事ぶりがスローンの目に留まった。十年後の一九二九年、スローンはウィルソンを子会社からシボレー事業部のバイス・プレジデント職に異動した。スローンらしい柔軟な人事だった。もしウィルソンが電気部品事業部にいたときと同じくらい自動車製造部門でも力を発揮できれば、GM本社という、より大きな舞台で経営に参画させようとスローンは考えた。ウィルソンは間もなくGMの方針委員会のメンバーに抜擢された。これもGMの出世階段においては重要なステップだった。

面白いのはスローンもクヌドセンもウィルソンも、元はGMの自動車製造以外の子会社にいたことだ。前にも触れたが、スローンはGMの社長になる以前に自動車製造のキャリアを持っていなかった。彼は自動車の仕組みを理解する能力よりも、分権制による効率的な経営に関心を持っていた。

一九四〇年にクヌドセンが軍需品製造の務めを果たすためにGMの社長を辞めると、GMの方針策定委員会はウィルソンを新たなCOO（最高業務執行責任者）として経営に当たる体制を作った（内幕を明かせば、デュポン社の経営陣はウィルソンの抜擢人事にはあまり気乗りしなかった。戦争が始まりそうな気配もあったため、彼らはスローンがCEOとして留任するよう強く求めた。結局スローンは六年延長して、一九四六年までCEOを務めた）。

GMは最も多くの軍需物資を提供した米国企業だった。効率良く組織されたGM工場は戦車やトラック、その他設備の製造工場として転用された。一九四六年、防衛用兵器の生産に貢献したGMを称えて、国からウィルソンに功労章が贈られた。戦時中のウィルソンの仕事がいかにきつかったかということは、ピーター・ドラッカーの著書にも記録されている。

「COOとして、彼（ウィルソン）は工場を転用し、防衛兵器を生産する責任者だった。……二年間にわたり一日も休みを取らず、家に帰って寝ることもほとんどない生活を送った」[17]

また戦後になるとウィルソンは、二十五年前にGMの社長兼CEOを務めたスローンが経験しなかったような労働環境を経験する。組合員に大きな影響力を持ちダイナミックな人柄で知られるウォルター・ルーサー率いる自動車労働組合（UAW）が、一九四五年から四六年にかけて一一九日間のストライキを行ったのである。UAWはこの交渉で入院費用の全額支給や

[17] Drucker, 前掲 *Adventures of a Bystander*, p.272.

有給の病気休暇をはじめとするほとんどの目標を勝ち取った。

ウィルソンはまたGM従業員の窮状や、全米の大量生産工場で働く労働者の地位について懸念していた。そして当時GMの現状課題を把握する目的でコンサルタントとして分析を委託していたピーター・ドラッカーが同じ思いを抱いていることを知る。

「社員を単純労働者でなく生産者と捉えねばなりません。よって社員には、企業市民としての意識を持ってもらわなくてはなりません。その意味合いを深く考えましょう」[18]

その答えを探すため、ウィルソンは社内コンテストを開催して「私の仕事、好きな理由」というタイトルの作文を募集するという独創的な方法を採った。従業員たちからはなんと二〇万通もの作文が寄せられ、その結果からは次のようなことが分かった。従業員は給与のみに仕事上の満足を求めてはいない。仕事そのものに満足感を求めている。彼らは自分のしている仕事から満足感を得ることを必要としている。従業員の作文の中から分かったことの中でも最も興味深かったのは、GMで働くことの誇りと組合員であることの誇りが彼らの中で両立していることだった。

スローンはウィルソンに従業員の昇給システムに関する責任を託した。そしてウィルソンは「年上昇要因★」、つまり一定額の昇給を定めたもので、当時としては画期的な概念を創出したのである。

まとめてみると、チャールズ・ウィルソンは、第二次世界大戦前のスローン‐クヌドセンの経営スタイルと、戦後始まった、より近代的な経営アプローチとのギャップの架け橋の役目を

★ 年間賃金上昇を生産性向上に関連づけた労働協約の規定

[18] Drucker, 前掲 *Adventures of a Bystander*, p.275.

果たしたと言える。前述の昇級システムの他にも、利益分配や株式市場における年金の健全運用など、彼は先達者の誰よりも熱心に従業員の問題に取り組んだ。たとえば年金について言えば、(ピーター・ドラッカーの言葉を借りれば) ウィルソンとGMが「アメリカの従業員を資本家にした」ものとも言えた。[19]

プロを育て、任せる

ここでスローンの言葉をもう一度引用しよう。

「いま正しい配置を行うために四時間を費やさなければ、その過ちを始末するために後で四百時間取られることになる」

これは正しい人事決定の鍵となる考え方だ。トップ人事を迅速に行うことが大切なのは当然のことだが、時間をかけて幹部候補生の層を厚く育てておくことも重要だ。

スローンが作った優れたルールの中でもう一つ見習うべきなのは、あまたあるGMの部署から能力のある人材を見出して幹部に昇進させる方法だ。企業の規模が大きければ、シボレーのように売上や製造面の理由から、幹部候補生の能力を試す場として利用できる部署があるかもしれない。

ニューヨーク市にあるかの有名なカーネギー・デリは、同社が成功している理由の一つとして、社内の人間のみを昇進させるというルールを挙げている。同社のゼネラルマネジャーを

[19] 同書 p.278.

過去十二年間にわたって務めているサンディ・レヴィンは、これまでにさまざまなビジネス会議などで、同社のユニークな「システム」をよく理解しているのは現在の社員だけだ、と発言してきた。このポリシーが順調に機能している証拠に、社員の平均勤続年数は二十年で、離職率は実質ゼロである。

スローンの目標は企業経営者にプロ意識を持たせ、彼らに他の専門職と同じように高いステータスを与えることだった。企業経営に一定の規律と実利的な発想を取り入れるという点で自分と似た考えを持つ専門家たち（ドナルドソン・ブラウンやジョン・ラスコブ）をスローンは求めた。

スローンがGMで働き始めた当時から有能なビジネスリーダー像をテーマとした心理学的・社会学的研究は行われていた。歴史を紐解いてローマ皇帝マルクス・アウレリウス、ナポレオン、ロバート・E・リー★などの天才リーダーたちの資質を明らかにしようと、毎年新たな本が出版されている。GEのジャック・ウェルチのような現代の優れたリーダーたちのスタイルを研究する本も数多くある。

★ 米国の軍人。南北戦争時の南軍の総指揮官（1807-70）

第7章

事業の範囲を拡げる

　過去二〇年間にわたってアメリカはあまたの数十億ドル単位の買収劇の舞台となってきたが、個々の買収が成功であったかどうかは未知数だ。二〇〇四年にフェデックスが二四億ドルで買収したキンコーズについてはどのような結果が出るだろうか？　チェースとＪＰモルガンの金融合併は成功だったのか？　ウォルト・ディズニー・カンパニーがＡＢＣテレビネットワークを買収したのは賢明な選択だったのか？　ダイムラー・ベンツがクライスラーを買収したのはビジネス面から見て適合性のある良い投資だったのだろうか？

　ウォールストリートから拍手喝采を浴びたペプシとフリトレーのような合併もあれば、タイム・ワーナーとアメリカ・オンライン（ＡＯＬ）のような金融的破局もある。もっとも投資業界も初めのうちは、タイム・ワーナーがインターネットの豊かな可能性を利用してトップクラスの収益を上げているＡＯＬを手に入れて、通信業における大胆な構想を描いていることを賞賛していた。

付随事業や補完的事業の買収に際して、経営者はどのようなアプローチで臨むべきだろうか？ その答えは、スローンが率いたＧＭの歴史の中に訓戒話として見出すことができるかもしれない。

スローンの考え方

事実は実に明快だ。スローンがＧＭで社長もしくはＣＥＯの職にあった間、米国内でＧＭが買収した企業はほぼすべて、自動車、航空機、家電製品、機関車の分野に限られていた。海外で買収した企業は、ドイツのオペル、イギリスのヴォクスホール、オーストラリアのホールデンなど、もっぱら自動車関連であった。

付随事業の買収に関するＧＭの対応について、スローンはこう記している。

「当社は〈耐久消費財〉以外のものを製造したことがなく、一部の例外を除いては、常にモーターが関わる製品だった」[1]

「耐久消費財」という枠組みの中で、ＧＭは自動車部品からさほど大幅にはずれることなく、非自動車分野へも進出して成功した。たとえば、巨大自動車メーカーが経営に成功するとは思

[1] Sloan, 前掲 *My Years with General Motors*, p.340.

われにくい事業ではあるが、フリジデア・カンパニー★という冷蔵庫の会社である（後日、家電分野における活動の縮小を決定した一九七九年、GMはフリジデアをホワイト・インダストリーズに売却した）。

五つの自動車部門とトラック部門、海外部門に加えて、金融会社、研究所、保険会社などを運営するという、圧倒的な量の仕事を抱えていた事実、また、世界最大級の企業グループとしての反トラスト法のリスクもあり、スローンはやみくもに買収対象の幅を拡げるようなことはしなかった。

スローンにとって、ディーゼル機関車、家電製品、航空機などの付随事業を継続する論理的根拠は二つあった。一つはGMがこれら多様な会社を経営してきた実績を既に持っていること、もう一つはいずれの産業もまだ揺籃期にあり、まだ市場で試されていない新しい技術によって製造される製品であったことだ。これらの付随事業はGMの主力事業からは外れていたにもかかわらず、その技術によってGMが収益と事業拡大のチャンスを得られる可能性が存在したのだ。基本的に、新しい技術において、他のアメリカ企業に出来てGMに出来ないことはない、とスローンは考えていた。

ただし、スローンは主力事業からはずれて買収先を探すことについては警戒心を持っていたと思われる。彼はこう記している。「GMは多角化については一定の制限を設けてきた」[2]

★ p.195 参照

[2] 同書 p.340.

前任者デュラントの積極多角化

ウィリアム・デュラントはアメリカ産業界における垂直統合および合併の父と言ってよいだろう。幅広い種類のアクセサリーメーカーや部品メーカーを完全買収によってGM傘下に収めていったのは、デュラントの慧眼によるところであった。彼には自動車メーカーが、他の製造分野にしかない技術を必要とする日が来ることに気づくだけの洞察力があった。そして、自社にはない技術を手に入れる方法として、買収は最も手っ取り早く効率的な手段だと考えていたのだ。

デュラントは一九〇三年にデイヴィッド・ビュイックと共に最初に自動車を製造した人物であり、産声を上げたばかりの自動車産業に、限りないチャンスの広がりがあることを最も早い段階で推測することができた経営者だったことを忘れてはなるまい。一九〇八年、全米の自動車売上台数はたったの六万五〇〇〇台で、市場は車で日帰りの遠出を楽しむお金持ちにほぼ限定されていた。ビュイックは当時アメリカのトップブランドで、フォードの販売台数が六一八一台だったときに八四八七台を売り上げていた。

スローンはデュラントの比類ないビジョンを褒め称えてこう記した。

「デュラント氏は自動車の年産が一〇〇万台に達する時代が来るのを心待ちにしていた——もっともそのせいで大風呂敷を広げるものだと揶揄されていたが」[3]

[3] Sloan, 前掲 *My Years with General Motors*, p.4.

一九〇八年から一九〇一〇年の間に、デュラントは二十五社のメーカーを買収した。自動車メーカー十一社、照明機器メーカー二社、自動車アクセサリー・部品メーカー十二社という内訳だ。これがGMの垂直統合と、さまざまな好みに対応する車種を製造するマルチブランド戦略の始まりだった。一九〇八年、ビュイックは事業内容説明書の中で「一貫生産」の経済性について言及している。車軸やスプリングのメーカー、鋳造工場などの戦略的配置、つまりデトロイト地区★にそれらのメーカーを集めることにより、ビュイック工場へのオンタイム・デリバリーが実現した。

一九一四年には、自動車の年間生産台数は五十万台に達していた。そのうちGMの車（ビュイック、キャデラック、オールズモビル、オークランド）は一四万六〇〇〇台で市場の二九%を占めていた。GM全体の中ではビュイックが九万九二五台で六二%を占めていた。

ウィリアム・デュラントは次々に会社を買収していったが、それは壮大なコンセプトにもとづく行為というよりも、自動車業界の将来に対する不安から生まれた行為と見るべきだろう。初期のアメリカ自動車業界には、誰も作っていないような車を作ってやろうと実験を重ねる一匹狼たちがたくさんいた。誰もが名前を知っているようなビュイック、オールズ、ナッシュ、クライスラー、フォード、ドッジなどの陰には、名を成すことなく消えていった数百ものモデルがあるのだ。

ガソリンで走る自動車の成功は実に急激かつ劇的だった。それだけに、またすぐに新たな技術が登場して、自動車の製造法は一変してしまうのではないかという考えが根強くあった。

★ フランス人探検家アントワン・キャディラックはセントクレア湖の西側の土地をル・デトゥルワ le detroit（狭間）と名づけた。それが英語風に発音されてデトロイトという自動車の都の地名となった三大メーカーは、エンジンサイズや車台の設計などの自動車の重要な側面を変えてしまうような技術革新が起こるのではないかと、一九三〇年代まで不安を抱いていた。

二十世紀初頭のメーカーでは、自動作動装置付きモーター、ビームヘッドライト、二車軸、四車軸、ブレーキシステム、歯車伝動装置などの改良実験が重ねられていた。いったい今後、どの発明や改良が効率面、コスト面、収益面で最も優れていると証明されることになるか、デトロイトの誰一人として見当がつかなかった。デュラントは異なる技術を持った幅広い種類のメーカーを傘下に収めておくことで、賭けに負ける可能性を低くすることができると考えた。

スローンはデュラントの拡大路線の論理の本質をこう指摘している。

「多角化の理由の一つは、自動車のエンジニアリングに関する未来の可能性をなるべく広く網羅しておくこと。それによって〈すべてか無か〉ではなく平均値の高い結果が得られると計算していたようだ」[4]

デュラントが傘下の企業群を意図的に増やしていったもう一つの理由は、一貫生産を推し進めるためだったとスローンは指摘している。スローンが「解剖学的組織」となぞらえたように、自動車は多数の部品によって成り立っている。デュラントはその一つひとつを洗練してゆく必要があると考えた。初期のデュラント時代に買収されたのは次のようなメーカーだ。

ノースウェイ・モーター・アンド・マニュファクチャリング：モーター

チャンピオン・イグニション：スパークプラグ

[4] Sloan, 前掲 *My Years with General Motors*, p.6.

ジャクソン・チャーチ・ウィルコックス：部品
ウェストン・モット：車輪、車軸
マックローリン・モーター・カー：車両

デュラントは、アルバート・チャンピオンというレーサーが経営するチャンピオン・イグニッションという会社を見つけると、新しい事業を始める資金を提供した。同社は最終的に全国的に有名な優良メーカー、ACデルコ・スパーク・プラグ社へと成長することになる。

最初にGM社長の座を追われた一九一〇年のすぐ後に、デュラントは自己資金で小さな自動車メーカーを買い、ルイス・シボレーというレーサーの名を冠してその会社をシボレーと名づけた。デュラントは価格が安く軽量の車を作って消費者の人気を博し、たった四年間でシボレーの組織を全国的に展開した。高い利益を生んでいたシボレー株の自己保有分を使い、またデュポン・カンパニーのピエール・デュポンの支援も受けて、デュラントはGMの過半数株を再び手に入れた、一九一六年に再びGMの座についた。そして一九一八年にデュラントはシボレーをGMグループに入れた。一九一九年、シボレーはGM車の中でもっとも高い売上を達成し、以来その地位を守り続けている。

その後も、デュラントは買収による統合路線を継続し、社長二期目においても数々のすばらしい買収を行った。

ハイアット・ローラー・ベアリング：ボールベアリング
サムソン・シーブ・グリップ・トラクター：トラクター
ガーディアン・フリジレーター：冷蔵庫
ニュー・デパーチャー・マニュファクチャリング：ボールベアリング
レミー・エレクトリック：電気装置
デイトン・エンジニアリング・ラボラトリーズ（デルコ）：電気設備

一九一九年、まだ社長在任中だったデュラントは自動車ボディの製造において豊かな才能を発揮していたフィッシャー兄弟と正式に協業を始めた。GMはフィッシャーの製造事業の六〇％を買収し、後に一〇〇％まで買収した。フィッシャー・ボディはGMが年次モデルを発表していく際の広告キャンペーンでも重要な意味を持つようになる。

歴史が示すように、デュラントが買収した数多くの会社は自動車産業の形成期にあたる一九一〇年から一九二〇年の間、GMに多種多様の技術面でのノウハウをもたらした。買収した会社そのもの以上に重要だったのは、買収された会社の経営者たちがGMに入ったことだった。彼らの優れた経営手腕やエンジニアリング面での才能がGMを世界のトップ企業に押し上げた。クライスラー、ケッタリング、フィシャー、ナッシュ、スローン……その名を挙げればアメリカ自動車業界のオールスター人名録が出来上がる。彼らの中で最も人々の記憶に残っていないのがウィリアム・C・デュラントであるが、他ならぬデュラントこそが彼らをGMに連れてきたのである。

スローンの取組み

一九一六年、ユナイテッド・モーターズの社長に就任して初めて、スローンはアクセサリーや部品メーカーを探し始めた。最初の買収はハリソン・ラジエーター社と警笛メーカーのクラクソン社だった★。

また同様に重要なことは、スローンがユナイテッド・モーターズ・サービスという会社を立ち上げたことだ。顧客に対して購入後の部品提供やサービスを行った最初の会社である。サービス・ステーションが全国二〇都市に配置され、もっと小さな地域にはディーラーが配置された。GMのミスター・グッドレンチというアフターサービス会社の前身となった会社である。

一九二一年にスローンがGMの社長に就任したころまでには、これらの付随事業は順調に稼動して五つの自動車事業部門に効率よく部品を供給していた。

スローンはまず車やトラックのような事業の核となる「耐久消費財」に力を注ぎ、その後既に傘下にあった冷蔵庫、航空機、ディーゼル機関車事業の売上を伸ばす方に取りかかった。

GMAC〝消費者に融資を〟

GMが展開する事業の中で、スローンがとりわけ強化をめざした会社があった。一九一九年

★ もともと〈クラクション〉は「悲鳴を上げる」という意味のギリシャ語の動詞「クラクソ」からつけられた電機警笛の製品名だった

にジョン・ジェイコブ・ラスコブが設立した画期的な会社、GMアクセプタンス・コーポレーション（GMAC）である。GMが一〇〇％出資しているこの金融部門について、スローンは珍しく次のような自己省察を行っている。「自動車産業の歴史をよくご存じない方は、なぜGMが傘下に全米でも指折りの金融機関を持ち、消費者金融に従事しているのか不思議に思われるかもしれない」[5]

GMACは、GMが自動車市場を支配していた良い時期にも、売上が低迷した厳しい時期にも、グループ内で最高の資本利益率を達成して収益に大きく貢献して来た会社だ。同社は何年にもわたって全米の自動車販売融資総額の一六～一八％を取り扱ってきた。

GMがこのようにとびきり素晴らしい事業機会を得た理由をスローンは次のようにとらえている。

「大量生産が普及すると、消費者に対して従来よりも幅広い金融サービスが求められるようになった。しかし当時の銀行はその点について親切とは言えなかった。彼らは……消費者のニーズを無視した」[6]

GMACが出来る前にも、アメリカの消費者は家具、ミシン（シンガー社のモデル）、住宅を購入するときと同じように、車を分割払いで購入することはできた。全国で最初に自動車の分割払いプランを提供したのはウィリス・オーバーランド・カンパニーだった。ジョン・ウィリスと親しかったスローンは、同社の財務代理店ギャランティ・セキュリティーズ・カンパニーの重役を引き受けたこともある。

[5] Sloan, 前掲 *My Years with General Motors*, p.302.

[6] 同書 p.302.

一九二〇年代の消費者は、モリス・バンクスと呼ばれる金融機関から金を借りることもできた。モリス・バンクスでお金を借りる場合、担保は不要だったが、連帯保証人は二名必要だった。しばらくの間、アメリカの低所得者層に金を貸してくれる銀行はここしかなかった。この銀行は一九二〇年代半ばに商業銀行が消費者向けローンを開始すると姿を消した。

アメリカの銀行は、自動車販売融資という市場が生み出す利益を予見できなかった。一九一九年、その穴を埋めたのがＧＭＡＣによる信用販売だった。銀行が無関心だった理由はいくつもあるが、一つはアメリカ経済が不安定だったことだ。景気が悪くなれば債務不履行に陥る自動車購入者がたくさん出ることを銀行が恐れたのも無理はない。銀行業界は担保として差し押さえた中古車を扱うディーラーになりたいとは思っていなかった。

「彼ら（銀行）は、融資の対象を普通の人々にまで広げるのはリスクが大きすぎると考えていた。……消費を助長するものは何であれ倹約の邪魔になると、彼らは明らかに信じているようだった」[7]

ラスコブは、何らかの信用販売システムを作ってＧＭの広範な特約店ネットワークを支援する必要があると気づいた。自動車メーカーであるＧＭが融資機関になれたのは、彼の天才的な能力のおかげだ。一九一九年当時、メーカーによる信用販売という特異な形態の金融を禁じた連邦法はなかったし、銀行業界もＧＭＡＣが与信業務において重要なプレーヤーになるとは想像もしなかった。

それまでの自動車販売は現金取引が主体だった。この方式は、顧客が富裕層中心だった時代

★ 低所得者向けのローン提供を目的とする金融機関

[7] 同書 p.304.

には良かったが、大衆向けにT型フォードが販売されるようになると、より多くの平均的な給与所得者が車を買うようになり、その資金をいかに調達するかが問題になった。

毎年生産される車を特約店へ、そして特約店から消費者へと売ってゆかないことにはGMの繁栄はありえない。その答えがGMACだった。消費者は、GMの特約店を通じ、頭金と手ごろな金利の分割払いによって車を購入することが可能になる。

ラスコブと共にスローンは融資の仕組みを考えた。

「当初、私たちには主に二つの狙いがあった。一つは有効なシステムを確立すること、もう一つは消費者のために妥当な金利を設定することだった」[8]

ここでもいつもの彼らしく、スローンは信用販売についての事実研究を頼りにした。GMがスポンサーとなってコロンビア大学の経済学部長E・E・A・セリグマン教授が行った分析結果が、一九二七年に上下二巻の大作 *The Economics of Installment Selling* として出版された。借金に対するアメリカ人の評価はこれを境に変わった。セリグマン教授は借金や分割払いにまつわる浪費的でネガティブなイメージを払拭し、ポジティブなイメージ（「生産的借金」や「生産的分割払い」）に変えた。この研究によって分割払い購入が世間に受け入れられやすくなった。スローンはこの研究の核心を次のように表現した。

「それ（借金をすること）によって需要の前倒しが起こるだけでなく、購買力も高まる」[9]

GMACを通じて消費者の購買力が高まることは、GMにとってプラスとなる。また他の自動車メーカーにはないサービスを消費者に提供できるというメリットもあった。分割払いが使

[8] Sloan, 前掲 *My Years with General Motors*, p.306.

[9] 同書 p.306.

えるのはＧＭだけだから、ＧＭからしか車を買えないという消費者はたくさんいた。

一九五〇年代になって政府が介入してきたときも、ＧＭＡＣは消費者が他の銀行や貸付機関から融資を受けることを妨げるものではないとして、ＧＭは断固たるスタンスを崩さなかった。政府の規制は立ち消えになり、ＧＭＡＣは新車購入者への融資を続けた。スローンはこのシステムが消費者とＧＭ双方に利益をもたらすものであることを認識していた。

「ＧＭＡＣがＧＭにもたらしている優位性は、消費者との公正かつ思いやりある関係だ」[10]

ＧＭＡＣは信じがたいほどの実績を上げてきた。一九一九年以来、四十一カ国において、約一億六〇〇〇万台の車の購入のために、ＧＭＡＣは一兆三〇〇〇億ドルを融資してきた。その収益力は世界中の金融機関の垂涎の的である。一九八五年に初めて十億ドルの収益を稼ぎ出し、二〇〇三年の収益は二十八億ドルを越えた。

今日ＧＭＡＣは、住宅ローンや、リロケーションサービス、保険、ＧＭＡＣ銀行をはじめとする金融サービスを提供する誠実な金融機関として知られている。

新しいものに賭ける

一九二〇年代後半になると、スローンにはディーゼル機関車、家電製品、航空機などＧＭグループ内の非自動車事業に集中できる余裕が出てきた。これらはすべてウィリアム・デュラントが買収した会社で、自動車・トラック事業の外に置かれていた。

[10] 同書 p.310.

「自動車の売上が落ちたときに備えて、GMも当然、多角化に関心は持っていた」[11]
ディーゼル機関車、家電製品、航空機の三事業が成功をおさめた理由は、スタッフ、とりわけGMの研究所が、新たなノウハウによって売上達成見込みがあると自信を持っていたからだとスローンは認識していた。この三社はいずれも当時の技術開発競争とは全く異なる新技術を生み出すことに関わっていた。

スローンは新しいものに未来を賭けることに乗り気だった。また自分がGMの自動車・トラック部門で敷いた分権制度は、非自動車部門でも通用するという自信もあった。言ってみればGMの付随事業会社は、スローンの画期的な企業システムの実験台となったのだ。

鉄道：ディーゼル機関車エンジン

一九三〇年代、アメリカの鉄道といえば蒸気機関車だった。しかし十年間のうちにディーゼルエンジンが機関車の主流となり、鉄道業界では大幅なコスト削減が可能となっていた。しかしながら鉄道業界にとってはショックなことだったが、ディーゼル機関車のトップメーカーはGMだった。

蒸気からディーゼルへの切り替えの時期に、スローンはGMがトップに躍り出た理由を二つ挙げている。

「一つ目の理由は単に、軽量かつ高速のディーゼルエンジンを開発する努力を他社よりも粘り

[11] Sloan, 前掲 *My Years with General Motors*, p.341.

強く行ったこと……もう一つの理由は、自動車産業で用いていた製造、エンジニアリング、マーケティングの考え方を機関車業界に持ち込んだことによる」[12]

蒸気機関車は一八二七年にジョン・スティーブンスがニュージャージー州ホーボーケンでそのパワーを証明して以来、アメリカの鉄道会社に支持されてきた。一八三〇年にはピーター・クーパーが蒸気機関車第一号を製造した。かの有名なトム・サム・エンジンである。ディーゼルが蒸気を最終的に凌駕した理由は、蒸気エンジンは原材料費が高く、労働集約型であるために維持費も高かったためだ。

蒸気機関車製造のロマンチックな歴史にとらわれていなかったGMは、自動車の設計や新しい技術に対するのと同様に機関車を捉えた。ディーゼル技術開発の先頭に立ったのもやはりチャールズ・ケッタリングだった。スローンはケッタリングに研究スペース、人材、資金、そして何よりも大切なことだが、信頼という支えを提供した。

一九二九年にケッタリングがディーゼル技術においていくつかの成功を収めると、GMは二つの会社を買収した。ウィントン・エンジンとエレクトロ・モーティブ・エンジニアリングは共にクリーブランドにあって、ディーゼルエンジンの製造や設計に関わる会社だった。この買収によってGMはガス・電気車製造の技術も手に入れた。一九二九年に自動車の市場が暴落した後の不透明な時代への備えとなってくれる可能性があった。スローンがやっていることはデュラントが何年も前にしたことと同じだった。新しい技術を持った会社を見つけ、もしものときに役立つよう種火を絶やさないようにしておくのだ。

[12] 同書 p.342.

ケッタリングのディーゼルエンジンは実験の域を出ず、何年間も商売にはならなかった。しかしながらアメリカの鉄道会社は、蒸気機関車の高騰する材料費と人件費に対する抜本的な解決法を求めていた。一九三三年にシカゴで開かれた「発展の世紀展」でのGMの展示は、シボレーの組立工場の再現だった。そしてそこに使われていた二サイクル・ディーゼル・エンジンの試作機がバーリントン鉄道の社長、ラルフ・バッドの目に留まった。

それからさらに一年間の改良を重ねたGMのディーゼルエンジンは、一九三四年にラルフ・バッドが〈ゼファー号〉と名づけた流線型車両の機関車を走らせた。デンバーからシカゴまでを「夜明けから夕暮れまで」という短時間で走り抜いたときのことは、今でも伝説として語り継がれている。一六三三キロメートルの距離を平均時速一二三キロ、走行時間一三時間五分で走ったゼファー号の記録は、長距離鉄道走行の世界記録を塗り変えた。

この成功によって、ケッタリングはディーゼル機関車の改良実験を重ねるための更なる資金を求めてきた。ケッタリングとスローンの間で交わされた以下の会話からは、このプロジェクトに対する二人の自信が伺われる。

どのくらいの資金が必要になるだろうか、と私は尋ねた。

ケッタリングは五〇万ドルくらいかかるだろうと答えた。

その程度の額で機関車の開発は無理だろうと……私は言った。

「そうです」ケッタリングは素直に認めた。

「でもそれだけ使ってしまえば、残りも何とかしてくれるだろうと思ったんです」

というわけで彼は必要な資金を手に入れた。[13]

スローンが二冊目の自伝を出版した一九六三年までに、GMのエレクトロ・モーティブ部門は世界各地で二万五〇〇〇台以上のディーゼル機関車を販売した。

家電：フリジデア冷蔵庫

フリジデアにおける家電製品の開発成功と好調な売上もスローンの優れた経営手腕によるところが大きい。スローンは周到に計算した上で研究に一か八かの投資をして、一般家庭への冷蔵庫の普及を阻んでいた諸問題への答えを見つけた。

ガーディアン・フリジレイター・カンパニーは一九一六〜一八年までにはわずか三十四台の冷蔵庫を販売した実績しかなかったにもかかわらず、デュラントは一九一八年に同社を自己資金で買収した。そして〈フリジデア〉と社名を変え、氷を使わない冷蔵庫であることを強調して打ち出しはじめた。

GMの社長によるこの異例な買収の理由をスローンは次のように聞かされた。

「デュラントは第一次大戦の戦時体制下で自動車が〈なくてもよい〉産業のレッテルを貼られることを恐れていたため、〈なくてはならない〉事業を求めていた」[14]

[13] Sloan, 前掲 *My Years with General Motors*, p.350.

もとからあったモデルを大量生産しようというGMの最初のもくろみは失敗に終わった。フリジデア製品はなかなか市場に受け入れられるに至らず、売上もさっぱりだった。一九二一年には二五〇万ドルもの赤字を計上した。

社内ではGMの主力事業とは製品内容も販売方法もあまりに異なるこの採算の上がらない家電メーカーを切り離そうという動きが加速していた。しかし外部要因が功を奏してフリジデアは生き延びた。GMはドメスティック・エンジニアリングとデイトン・メタル・プロダクツという二つのメーカー（後にデルコとなる）を買収した。両社とも第一次世界大戦後に軍需製品の売上がなくなったときのことを考えて、一九一八年から冷蔵技術の開発に取り組んでいた。この新技術の用途は家電製品だった。

フリジデアの抱える問題を研究したスローンは、フリジデアにデルコの研究チームとマーケティングチームを投入して、最後のチャンスを与える価値があると感じた。手始めにフリジデア事業を、何かと口を出したがる自動車関連の社員たちがいるデトロイトから引き離して、デイトンへ移転させたのは賢明な判断だった。

スローンの任務は冷蔵庫を大量生産することだった。現在のモデルを改良し、規格化すれば、生産量が増え、小売価格が下がって、平均的所得の世帯にも冷蔵庫が買えるようになるだろうと彼は考えた。そのためにはまず研究を成功させなくてはならない。

「フリジデアの未来はいくつもある研究開発上の課題を解決できるかどうか、そして安全で経済的で信頼性の高い製品を作れるかどうかに掛かっていることを私たちは認識していた」[15]

[14] Sloan, 前掲 *My Years with General Motors*, p.354.

[15] 同書 p.357.

その後二、三年は赤字を出したものの、一九二四年にはフリジデアは初めて小さな黒字に転じた。一九二二年の二一〇〇台から一九二五年の六万三五〇〇台という年産台数の伸びは、販売チームと研究開発チームの成功を物語っている。デイトンの研究開発チームは、他の冷蔵庫メーカーを悩ませていた設計、安全性、冷却に関する問題をほとんど解決した。

従来よりも効率がアップした新設計の冷蔵庫は、覚えやすい名前と共に一般消費者に熱く受け入れられた。一九二七年までに冷蔵庫は、かつてのブラインタンクと水冷式コンプレッサのついた大きすぎて不恰好な木のキャビネットから、アスファルトとコルクの密封剤と二気筒の空冷式コンプレッサを搭載したスマートな陶器製のキャビネットに生まれ変わった。一九二二年の製品は重量約三七八キロの怪物で、価格は七一四ドルだったが、GMの研究チームは重量を約一六四キロ、価格を四六八ドルまで落とした。スローンは少々誇らしげにこう書いている。

「一九一六年から二六年までの間に冷蔵庫事業においてこれほど高い貢献をしたメーカーや組織はなかった」[16]

現にそれは事実だった。他の冷蔵庫メーカーにはフリジデアのような研究目的も、GMのような優良企業からの財政的支援もなかった。

フリジデアの初期の歴史にはもう一つ逸話がある。昔の冷蔵庫は有毒ガスを発生したため、家庭内で深刻な健康被害を起こしていた。誰かがこのようなリスクをなくす化学的な方法を開発しなければならなかった。スローンとケッタリングは家庭で使用しても大丈夫な新しい化学

[16] 同書 p.358.

物質が満たすべき条件をいくつか挙げた。

フッ素と化合させた炭化水素で実験を重ねた結果、一九二九年、フリジデアの化学者たちはフレオン一二という化合物であれば、スローンとケッタリングが設定した条件をすべて満たすと結論付けた。新たな技術が家庭用冷蔵庫の安全性に関する最後の障害を取り除いた。スローンらしい利他主義から、アメリカ中の家庭がどのメーカーの冷蔵庫でも安全に使えるようにと、彼はフレオン一二の技術を競合メーカーにも提供するよう主張した。

フリジデアはさらにルームエアコンと食品冷凍庫の一号機をそれぞれ製造した。一九五六年までに販売した製品は二〇〇〇万台で、それから九年後の一九六五年には五〇〇〇万台目の売上を達成した。

フリジデアは一九四〇年代と五〇年代を通じて、洗濯機、乾燥機、オーブンなどに製品ラインを拡大したものの、一九七九年までにはウェスティングハウス、ケルヴィネーター、アマナ、そしてとりわけGEが家電製品市場を支配するようになっていた。彼らにとっては家電が主力事業であり、GMとしては競争に資金を費やしたくなかったため、その年、フリジデアの社名と製品ラインをホワイト・コンソリデイテッド・インダストリーズに売却した。

それから何年もの月日が流れ、何十万台という冷蔵庫が販売されて来たが、今でもアメリカ人は冷蔵庫（リフリッジレイター）を縮めて呼ぶとき〈フリジデア〉を語源とする「フリッジ」という言い方をよく使う。

航空：ベンディックス航空機

ＧＭの非自動車分野事業の最後に登場するのが航空機だ。航空機事業との関わりは短期間で、ディーゼル機関車やフリジデアのように広く認知された商業的成功もなかったが、ＧＭの歴史に興味深い一章を添えている。スローンさえその関わりを変則的なものと考えていた。「かなり以前に、ＧＭが商用飛行機分野に参入しようと熱心に取り組んでいた時期があったことは、多くの読者にとっては驚きかもしれない」[17]

一九六三年の自伝に記されていた、世界の航空史に名を残す企業の数々が、創業期においてＧＭと何らかの関わりを持っていたことは読者に驚きを与えた。たとえば、ベンディックス航空機、ノース・アメリカン航空機、トランス・ワールド航空、イースタン航空などだ。

ＧＭの航空機業界への参入は、一九二九年のベンディックス航空機への出資（二九％）とフォッカー・エアクラフト・コーポレーションへの出資（四〇％）から始まった。参入の理由は、将来、小型飛行機が登場して、突如、自動車の競合相手になる日に備える、という今から考えると少々こっけいなものだった。当時は軽量小型の飛行機が日常的に使用されるようになると本気で考えていたのだ。一九二九年当時には全米を結ぶハイウェイ網はまだできていなかったし、小規模の空港を作れるだけの土地は、各都市の周辺にいくらでもあった。一九九〇年になっても、カンザスシティのような大都市へ飛行機で飛んでいって、住宅地が広がっていない場所に着陸することは可能だった。

[17] Sloan, 前掲 *My Years with General Motors*, p.362.

ＧＭはばらばらに所有していた株式をまとめて、ノース・アメリカン航空機という一つの会社に統合した。この会社に対するＧＭの重要な貢献は、自動車産業で培った体系的な製造方法と財務システムをもたらしたことだ。ノース・アメリカン航空機は軍部から大量の注文を受け、第二次世界大戦中には軍用機とエンジンを製造した。しかしながら航空機の技術面においてＧＭが特筆すべき革新をもたらすことはなかった。

第二次世界大戦が終わると、スローンは航空機業界におけるＧＭのあり方について改めて考え始めた。明晰さと洞察力あふれる実態調査報告書の中で、スローンはアメリカにおける航空産業の展望を語った。まず航空機市場を軍需、自家用、輸送の三つに分けた。そして各々の分野におけるプラス面とマイナス面をあげた上で、航空機事業が、規格化された消費者向け耐久消費財の他事業と同等の利益を上げられる可能性はまずないということを示した。彼はこう結論づけた。

「ＧＭは軍用においても輸送用においても航空機の製造は行わない。しかし付属部品・アクセサリーの製造においては妥協せずに地位を確立するものとする」[18]

一九四八年、ＧＭはノース・アメリカン航空機とベンディックス航空機における権益を処分し、これによって航空機事業との戯れには終止符が打たれた。

事例❶ガーバー：ベビーフードの周りに

[18] Sloan, 前掲 *My Years with General Motors*, p.373.

一九二八年にガーバー一族が所有するフリーモント・カニング・カンパニーがミシガン州フリーモントでごく僅かな商品ラインを全国展開で売り出したときから、ガーバーといえばベビーフードであった。それから何年も後、ガーバー社は赤ん坊とは何の関係もないが、赤ん坊の両親にとっては大いに関係のある周辺事業に乗り出していく。

長い間、ガーバーはベビーフード業界で七〇％前後の、ほぼ独占状態を守ってきた。（今日では、ビーチナット社が二〇～二五％、ハインツ・ベビー・フードならびに有機ベビーフードメーカーが残りを占めている。）過去七十七年間に渡ってガーバーは七十五社以上のベビーフードメーカーから挑戦を受け続けてきたが、スープ分野がキャンベルに独占されているのと同じように、アメリカのベビーフード市場はガーバーのものだった。

同社はそのユニークなスローガンを打ち出して以来、数十年にわたってそれに忠実であり続けてきた。「赤ちゃんがわたしたちのビジネスです――ただ一つのビジネスです」乳幼児の栄養だけに特化した研究所を設立して宣伝したことから、ガーバーは母親たちから信頼されるブランドとして一気に発展した。同社にはアドバイスを求める便りが多く寄せられるようになり、一九三八年には八十万件の質問があったという。今日、ガーバー・リサーチ・センターは乳幼児の栄養に特化した私立の研究所として最大であり、ガーバー社はアメリカで最も信頼されるベビーフードメーカーであり続けている。

収益を増やすため、ガーバーはベビーフードという主力事業を核にさまざまなステップを踏んできた。商品は一九〇種類の多岐に渡り、海外へも進出して現在では八十カ国、十八言語の国々で販売されている。米国内にヒスパニック系やラテン系の家庭が増えるにつれて、中南米産の果物や野菜を使ったトロピカルな商品ラインも展開して好評を博している。

ベビー関連ビジネスのイメージを守りながら、一九六〇年に同社は、ドイツで製造されているNUKプラスチック社のベビー用品（三五〇ブランドに及ぶ）の販売を世界各地で始めた。ガーバーとNUKによる哺乳瓶その他の赤ちゃん関連用品に対するアメリカ消費者の反応は上々だった。

ガーバーはこのころには既にダイレクトメールによって子どもを持ったばかりの親にコンタクトを取る手法を確立していた。DMにはガーバー商品のクーポン券と栄養に関する情報が同封されていた。また新生児の親に関するデータは、小児科医、看護婦、病院などから得ていた。ガーバーは赤ん坊が生まれる前にも生まれた直後にも、ターゲットに接触するシステムを持っていたということになる。

一九六〇年代半ばまでに、ガーバーはベビー関連商品を開発し尽くしたことに気づいた。ベビー衣料の方面も検討したが、それはガーバー製品のほとんどが売られているスーパーマーケットチェーンとは異なる流通システムを持つ根本的に異質な小売市場だった。

ではベビー用品の老舗ブランドとしての名前を活かし、ブランド価値を下げることなく展開できる事業は何だろう？　ガーバーが見つけた答えは消費者と投資家を驚かせた。それは生命保険だった。

人が短期・長期的な生命保険を買おうという気になるタイミングは、人生においてごく限られた回数しか訪れないことをガーバーは理解していた。そして子どもの誕生、とりわけ一人目の子どもの誕生が、まさにそのタイミングであった。両親は新たな責任と向き合い、仮に自分たちに何かあったら残された家族がどうなるのかと考える。

一九六七年、ガーバーはガーバー・ライフ・インシュアランス・カンパニーを子会社として設立し、乳幼児と大人の生命保険の直接販売を始めた。ガーバーの手元には出産前の潜在顧客リストが既に集まっているため、市場へのパイプラインは出来上がっていた。そこで出産前と出産後に送っているDMの中に、新たに保険商品のパンフレットを同封した。

保険広告の印刷物やDMには必ずガーバーのロゴを載せた。同社にとって保険業は新規事業ではあるが、ガーバーは長い間アメリカの家庭が信頼を寄せてきた会社であり、これからも信頼できる会社であると強調するためだ。

現在、ガーバー・ライフは二〇〇万人以上の人々に保険を提供しており、保険契約高は二五〇億ドルに上る。A・M・ベストという公正な立場の保険格付け会社からは「A」の評価（一三段階中の上から三番目）を受けている。

ガーバーは、他の保険会社が埋めることのなかった生命保険のニッチを切り拓いた。これは、確たる製造技術すら存在していなかった冷蔵庫の市場でGMがフリジデア事業で成功したケースと似ている。ガーバーから見れば、新生児の親だけにターゲットを絞った保険会社は他になかったのである。

事例❷ＭＧＭ：映画スタジオを越えて

ＭＧＭという企業は、一時は天国にいるスターたちと同じ数のスターを擁することを誇った映画スタジオであり、一九四〇年代、五〇年代を通じて素晴らしいミュージカルを世に送り出してきたことで有名だ。戦後期には、『若草のころ』、『雨に唄えば』、『バンド・ワゴン』などの古典映画をリリースした。ＭＧＭの映画は、おなじみのライオンのマスコット、レオの咆哮と、ラテン語で「芸術のための芸術」と書かれた文字と共にいつも紹介される。ＭＧＭのイニシャルとライオンは、ＧＥのロゴと同じくらい認知度が高い。

一九六九年、ラスベガスのホテル経営で巨万の富を築いたカーク・カーコリアンがＭＧＭスタジオを買収し、同時にその一方で、野外撮影用地だったカリフォルニア州カルヴァー・シティーの不動産と『オズの魔法使い』に使われたドロシーの赤い靴をはじめとする映画関係の小物を売却した。一九七三年にはラスベガスにＭＧＭグランドホテル第一号をオープンし、一九七九年には、ＭＧＭの主力事業はホテル経営だと明言するに至る。

一九九三年までには同社はラスベガスの中でも傑作と言われるホテル、ＭＧＭグランドの建設を終えた。新しい生命を吹き込まれたホテルの客室は五〇〇五室、その時点で世界最大だった。内部にはＭＧＭスタジオの映画製作の歴史を活かして『オズの魔法使い』のシーンや登場人物で内装を施し、最大の目玉としてエメラルド・シティ・カジノを併設していた。

ホテルはカーコリアンが二人の娘の名前を組み合わせて作ったトラシンダという名の会社に

よって経営されている。トラシンダは映画製作会社からカジノオーナーへと見事な変身を遂げ、ラスベガスに映画会社時代の歴史を持ち込んだ。ファミリーエンターテイメントを意味するMGMというイニシャルをラスベガスに持ち込んだことはとりわけ重要だった。

映画セットのような凝った施設が受け入れられる下地を作ってくれたのは、MGMより前からテーマパークや乗り物を取り入れて映画・テレビスタジオを作ってきたディズニーやユニバーサルであることは事実である。ただ、MGMは、将来における収益が見込めるのはカジノビジネスであって、ヒットするかどうか分からないテレビや映画ビジネスではないと考えた。カーコリアンがオーナーだった頃のMGMは映画製作における競争力を失った。『テルマ&ルイーズ』、『バーバーショップ』、『キューティーブロンド』など一部のヒット作を除いては、製作した映画のほとんどは話題にのぼることもなかった。

カーコリアンはMGMスタジオの名称と元の施設を売ろうとしたが、うまくいかなかった。一度目は一九八六年にテッド・ターナー★が相手で、二度目はイタリア人投資家ジャンカルロ・パレッティが相手だったが、パレッティは一九九二年に債務不履行に陥った。カーコリアンはMGMをもてあまし、その後スタジオ施設を買い足したりしている。しかしながらハリウッドの映画業界において、MGMはトップスターを引きつけることもメガヒット作品を生み出すこともできなくなっていた。ようやく二〇〇四年にソニー・ピクチャーズ・ユニットがMGMスタジオの名称と会社を落札した。二十五年間、映画製作においてはさしたる成果を出さぬまま、カーコリアンはMGMを現金に換えた。

★　CNN創設者。

一方ラスベガスの方では、カーコリアンはブランド資産価値の高いMGMのイニシャルを引き続き活用した。二〇〇〇年にホテル界の重鎮スティーブ・ウィンのミラージュ・リゾートを買収し、あのエレガントなベラッジオホテルをはじめとする施設を手に入れた。新たな会社はMGM-ミラージュという名前で、ラスベガスに六軒のホテルを持ち、最大級の客室数を提供している。最近、同社は同じくラスベガスのマンダレー・ベイ・プロパティーズから新たに四軒分のホテル用地を購入した。

MGMの付随事業武勇伝の最終章を飾るニュースは二〇〇四年十二月に発表された。同社は六六エーカー[★2]の住居用コンドミニアムとホテルの巨大複合施設をラスベガス・ストリップ大通りに建設する計画を発表した。民間の開発企画としては全米で最大となるこのプロジェクトは、現在〈シティ・センター〉という名称で進行中だ。数千戸に上るコンドミニアムを販売し、最上級のショップやレストランにテナントを惹きつけるためには、映画会社であった往年の日々のように、MGMのロゴや吠えるライオンの図柄を使うことになるのは間違いなさそうだ。

事業範囲の拡大にあたり

付随事業や補完的事業を探すなら、本来の主力事業の範囲内にするべきと考える人は多い。その会社が築いてきた評判に対して、主力事業とは明らかに異質な商品やサービスが、何ら付加価値を与えないようなケースであれば確かにそうだ。

★2 26.7万平方メートル、東京ドーム5.7個分同じ産業内での買収の例であるが、ダイムラーがクライスラーの社名の前にその名をつけたとき、高品質を誇るドイツ企業の名前によって修飾されることでクライスラーが得をしたことに消費者は気づいた。それではプロクター＆ギャンブルは懸案中のジレットの買収によって得をするだろうか損をするだろうか。

フェデックスとキンコーズの合併はどう考えたらよいだろう。キンコーズは家庭やオフィスにさまざまなサービスを提供する会社だが、キンコーズの利用者にとって、フェデックスの集配地域が増えて便利になる以上に何かメリットはあるだろうか。それともフェデックスは顧客サービスの考え方を新たに向上させているだろうか。

何が要るのか？

企業が中核事業の範囲外に事業を展開する場合には危険が伴うかもしれない。なじみのないビジネス風土、異なる流通システム、新しい顧客基盤やこれまでとは異なる利益率、新しい市場や産業で成功するための経験的知識の欠如などが、リスクとなりうるからである。

付随事業の誤った選択例を巨大テレビ局、ＰＢＳテレビ★から紹介しよう。ＰＢＳはこれまで制作・放映してきた数々の文化番組や歴史番組を本として出版して成功を収めてきた。かなりの収益を上げているこの新しいビジネスモデルをＰＢＳに提案したのはＢＭＲアソシエーションズという北カリフォルニアにあるメディアコンサルタントだった。これにより、ＰＢＳは全米に放映された自前の番組を元に本を出版することで追加的な収益を得ることができた（後に

★　政府助成金や企業寄付などで運営される良質な教育番組を提供する公共テレビ局の全国組織

この手法はヒストリー・チャンネルのようなニッチ狙いのケーブル局などにも応用されるようになった）。

本の売上は何年間も好調に続いたため、気を良くしたＰＢＳのある局が、その局の所在地である大都市でブックストアを開店しようと決意した。ＰＢＳの認知度は非常に高かったし、地元消費者に行った調査では局も番組も非常に高く評価されていた。

机の上ではそのコンセプトには十分見込みがあった。局は、ＰＢＳネットワーク局のドキュメンタリーを元にしたオリジナルのシリーズ本を売る。またさまざまなテーマについて補完的な本も販売する。さらに『セサミストリート』や『テレタビーズ』など、子ども番組からのシリーズ本もたくさん取り扱う。

しかしブックストアは高くつく失敗となった。機が熟していなかったのだ。ＰＢＳはメールバック方式による書籍注文販売がうまくいっていたので店舗販売も行けると思ったのだろうが、卸売り及び店舗販売とでは商売の仕方が大きく異なる。ＰＢＳは経験豊富な書籍小売業者を雇いはしたが、ＰＢＳが出版している多くの本がオンラインやチェーンの本屋で買うことができるばかりでなく、ＰＢＳ直営店よりも安く売られているという現実を考慮せずに、限られた種類の本をどう売ってゆくかについての確たる事業計画を持っていなかった。

最終的にブックストアは閉店したが、本の購入者たちからとくに反対の声は上がらなかった。一見、利益が上がりそうなベンチャーに乗り出したＰＢＳだったが、核となるメディアならびに番組制作事業から離れすぎてしまった。

主力事業の周りに

主力事業の範囲で補完的事業を見つける簡単な方法は、現在の取引先の顧客企業に聞いてみることだ。もし取引先との間に率直な会話をできるような良好な関係が築かれていれば、競合他社やサプライヤーに関する不満などを教えてくれるかもしれない。

ニューヨークのリーボ・プリンティングは高品質のカラー印刷に特化して、レターヘッド、小冊子、パンフレットなどの印刷物を同じくニューヨークに拠点を置く化粧品会社に長年納めてきた。マンハッタンに拠点を持つレブロン、シャネルをはじめとする化粧品会社との取引獲得を狙う印刷業者は市内にも国内にも数多くあり、しのぎを削っていた。

補完的事業を見つけようと、リーボ社の社長は他のタイプの印刷物も発注してもらえないか取引先に聞いて回った。数多くの顧客との対話の中では、リーボ社に発注しているよりも単純な印刷業務については満足しているという話ばかりを耳にしたが、とうとうある不満が繰り返し口にされることに社長は気づいた。多くの印刷業者が、化粧品の個装箱内に使用説明書などの薄紙を折りたたんで入れる仕事をやりたがらないし、上手にできる会社もない、ということだった。手間ばかりかかって魅力に欠ける仕事というわけだ。

説明書を効率良く化粧品の箱に収めるためには、薄い紙を使い、特殊な折り方でかさを減らす必要がある。このように骨の折れる細かい仕事をよその業者がやりたがらないのも無理はないとリーボの社長は思った。しかし社員たちと研究を重ね、同社は細かくて複雑な作業をマスターした。そして実際に実現可能かどうか、そして収益があがるのかどうかを試すため、取引先の会社に入札してみた。

その結果、今ではリーボは説明書を箱に入れる作業に特化した会社となった。そしてこのようなニッチ市場を持つことによって、高級化粧品会社から毎年繰り返し注文を受けるようになった。リーボの社長が得意先へ行ってよその業者の話や競合他社の仕事に不満がないかなどを聞きださなければ実現しなかったビジネスだ。

中核事業の中に

新しい商品を求めたり、新規事業を始めたいと考える会社にとって、そのヒントが自社の中に存在していることも多い。手始めに、自社の商品やサービスをじっくり眺めてみて、新しいマーケットにアピールできるような形に拡張したりデザインしなおしたりできないか検討してみるとよい。時折、型にとらわれない発想や逆転の発想によってオリジナル性のあるコンセプトが生まれることもある。

このようなケースとして紹介するのはジョージア州ノークロスにあるコンウェイ・データ社だ。同社は一九五四年の創業以来、不動産開発分野の雑誌、『サイト・セレクション』を出版してきた。一九九〇年代中ごろにCOO（最高業務執行責任者）が自社の状況を評価したところ、絶対数に限りある拠点開発担当者をターゲットとした類似の雑誌がひしめく中にあって、同社の広告収入は減り続けていることに気づいた。

五万件からなる購読者基盤にどのような商品やサービスを提供すれば新たな収益を得られる

か、そのCOOは考えた。スタッフと共にフォーラムやセミナーなど、広告以外の収入源を一週間ほど検討したが、これといって画期的なアイディアは浮かばなかった。

しかし、購読者リストの統計を眺めているうちに、これまでに自社が集めてきた標準産業分類（SIC）コードや年商、役員情報などは、特定の企業に限定されていることに気づいた。それによって彼は新ビジネス探しの視点を一八〇度転換した。これらのリストに載っている役員たちに新たなサービスを売ることにはもう興味はなかった。むしろ逆に、これらの役員たちに会いたがっている人たちはいないだろうか？

コンウェイ・データと『サイト・セレクション』誌をネットワークとして、五万件はあるさまざまな会社の拠点開発担当役員にコンタクトをとるために金を払う人がいるとしたら、誰だろう？

いったん思考プロセスを逆転すると、COOは新たなビジネスのクライアントになりそうな会社を考え始めた。一つの結論は、ヨーロッパの経済開発局だった。ヨーロッパの地方自治体は、EU内に事務所や工場を構えたいと考えている米国企業の幹部に対して、自分たちの経済的歴史やインフラについてプレゼンテーションを行う新しい方法を必要としていた。

最初のステップは、ヨーロッパ内の主要な開発局に連絡を取り、フィージビリティ・スタディを書いて、このセオリーを試してみることだった。ここでのポジティブな手応えに勇気づけられ、COOは世界経済開発サービス（WEDS）という新たなビジネスを立ち上げた。拠点はヨーロッパに置くべきだと考え、彼はローマで国際ビジネスに経験豊富な人材を雇った。さらに米国企業の海外でのニーズに詳しく、ニューヨークに拠点を持つフリーマン・グローバル社とサービス契約を結んだ。

ＷＥＤＳの最初の顧客は、医療、科学分野の基盤拡大を狙っていたイタリアのトリエステ市だった。一二ページに及ぶカラー印刷のパンフレットにはトリエステでビジネスを行うメリットが綴られている。そのパンフレットは『サイト・セレクション』誌に同梱されて購読者に送付された。さらに科学・医療関連企業にターゲットを絞り、手紙を添えてパンフレットを送った後、電話を掛けてトリエステに興味を持つ可能性があるかどうか尋ねた。

ターゲットを絞り込めるＷＥＤＳのメリットを評価した他のヨーロッパの開発局からも次第に依頼が入るようになった。さらにＣＯＯは利益の上がる付随事業をもう一つ生み出した。ヨーロッパの開発局の人々がアメリカに来て、企業のトップと面会できるように予約を取るサービスだ。面会相手の企業については、その提案内容に関心を持っているかどうかＷＥＤＳが事前に確認して選別しておく。面会スケジュールはＷＥＤＳによって組まれ、調整され、米国内の移動にはＷＥＤＳの幹部が付き添う。

これは自社が持つデータを再評価するところから抜け目なく新規ビジネスを開拓した例だ。

他社の真似でも

競合他社に限らず、付随事業を成功させている会社について研究するだけで新事業のアイディアが見つかることもある。

すばらしい収益を生んだＧＭのＧＭＡＣの金融モデルを真似て、ほとんど同じようなビジネスを成功させたのがゼネラル・エレクトリック（ＧＥ）のＧＥキャピタルだ。一九三二年にＧＥコントラクト・コーポレーションとして始まった同社の初期の目的は、ＧＥ顧客の家電製品の購入を援助することだった。ＧＭの自動車販売融資の目的と全く同じだ。

第二次世界大戦後、ＧＥクレジット・コーポレーションは貸金業を始め、コマーシャルペーパー取引や消費者金融を行うようになった。金融商品を提供する大手業者であることを反映するよう、一九八七年には社名をＧＥキャピタルと変えた。二〇〇二年には、商業金融、消費者金融、設備サービス、キャピタルの四つの部門に編成した。二〇〇四年には世界四十七カ国で五〇〇〇億ドルにのぼる巨額の収益を上げるに至る。

スローンの教え「唯一の物差し」

アップルの新製品ｉＰｏｄは、あらゆる企業が憧れる事業展開だ。コンピューターメーカーとしての背景が活かしながら中核事業の範囲に十分おさまる事業と言える。アップル社の技術が音楽プラットフォームを提供することに、消費者は何の違和感も抱かなかった。

スローンは非自動車事業を受けついだ。そして社内でとりわけ厚い信頼を寄せる人々（誰よりもケッタリング）が反対していなかったならば、機関車、冷蔵庫、航空機の会社は早々に売却していたかもしれない。ただし、当時それらの付随事業はまだ揺籃期にあって、ＧＭにも他の企業と同じだけ成功できる可能性があったことも事実であり、それはスローンも常々指摘していたことである。

スローンにとって、いかなるビジネスにおいても物差しは一つだった。もしも「満足な収益を上げられないならば、その事業からは撤退するべし」。この金言の下に、GMは中核事業である自動車製造に集中して歩みを進めた。その方針に沿い、非中核事業の二つ――冷蔵庫事業と航空機事業――は最後までGMに収益をもたらし続けた。そしてついに、収益を上げなくなったとき、その二事業は売却の運びとなり、ここでもまたGMに利益をもたらした。

第8章

組織を全体としてマネージする

現在の企業体というものは、何世紀もの時の流れの中で少しずつ固まっていったものである、と理解しておかなくてはならない。その起源はギリシャやローマの軍隊、カトリック教会などにおける人事管理方法にまで遡ることができる。身分階層によるピラミッドが形成され、頂点には完全な権力を持つ人間、底辺には奉仕、隷属する無数の人間がいる。

エジプトの政治システムは、文明世界において最初に成功した大規模な社会的組織構造である。そこには今日の企業組織の萌芽が見られる。ファラオが頂点に立ち、その下に強大な権力を持った司祭たちが何層もあり、その下に役人がいて、最後に一般人、労働者がいる。

過去にも未来にも、組織が偉業を成し遂げるために必要なものが二つある。リーダーシップと組織だ。社会や企業は偉大なリーダーを持てれば幸運だが、それと呼応して機能する組織網がなければリーダーの価値は十分に発揮されない。同様に、組織があってもそれを導く有能なリーダーが不在なら、その潜在力も発揮されない。GMでは、スローンがリーダーを務め、かつ組織体制を作った。

ピエール・デュポンは、一九二〇年にGM社長に就任したとき、各部門の部長クラスを寄せ集めただけの非効率的な経営委員会を刷新し、スローンほか三名の取締役を入れた。スローンはこう書いている。

「これらの改革は非常時に対応して実施されたものだったが、GM全体の大掛かりな組織改変と相俟って、自動車メーカーとしてのあり方の根本に目を向けさせるものとなった」[1]

GMの未来を変えた「抜本的組織再編」は世界の財界にも多大な影響を及ぼした。それは、デュラントの独裁経営に苦しんでいた一九一九年にスローンが書いた一編の報告書『組織研究』から始まった。何年も後に自伝を著したとき、スローンは自分の報告書が与えたインパクトを意識した。

「このときのプランが、分権制を基本原理とする近代GMの経営理念の土台となったため（そのプランの基となった『組織研究』は）、アメリカの大企業に何がしかの影響を与えたと言われるようになった」[2]

GM改革におけるスローンの主な主張は、会社は一人の人間が統治する中央集権システムから、各部署が責任を共有し、具体的な説明責任を持つ分権システムに移行するべきだというも

[1] Sloan, 前掲 *My Years with General Motors*, p.45.

[2] 同書 p.56.

のだった。ピーター・ドラッカーはこのことを次のようにまとめている。

「すべての決断をトップが行い、事業部長たちが工場監督に毛の生えた程度の役割しか果たさないような中央集権的組織だったとしたら、GMは機能していなかっただろう」[3]

スローンの青写真

スローンは組織を考える上で彼が参考にしなかったものを二つ挙げている。一つは軍隊、もう一つはデュポン社の経営のやり方だった。デュポン社は二十世紀初頭に行った組織改革時で数多くの(当時)近代的な発想を取り入れた。しかし、スローンはデュポン社の役員たち(デュポン、ラスコブ、ブラウン)がGMに乗り込んできたときに、同社側の認識を真っ向から否定している。

「両社の計画は共に分権制を経営理念としていたが、具体的に共通する点はなかった」[4]

デュポン社の上をいく最適な組織構成のアイディアはずっと前から頭の中で渦巻いていたようだが、スローンが初めてそれを具体的な行動に移したのはユナイテッド・モーターズ・カンパニーの社長になったときだった。ユナイテッド・モーターズは、もとは別々の十二個の会社からなる組織で、それぞれが異なる部品を製造していた。彼らを結ぶ共通点は、GMに買収されたということと、自動車アクセサリーのセグメントで事業を行っているということしかなかった。

ユナイテッド・モーターズの社長としてスローンがとった最初の行動は、修理・サービス機能

[3] Peter F. Drucker, *Concept of the Corporation* (Transaction Publishers, 1993 (1946)), p.45.
『企業とは何か』P. F. ドラッカー著、上田惇生訳、ダイヤモンド社、2005 年

[4] Sloan, 前掲 *My Years with General Motors*, p.46.

を一つにまとめて、全国組織として運営することだった。一つのサービス会社がすべての事業部に関するサービスを行い、修理工場、人員、マーケティング、広告のすべてにおける効率性を手に入れる。今日であればごく論理的な行動だ。一つの社名の下に一つのサービスセンターを設ける方が、いくつもある部品会社の下にそれぞれ修理ステーションを設けるよりも、簡単だしすっきりする。

しかしユナイテッド・モーターズの部長たちはその考えに反発した。彼らはみなスローンと同じく中小企業の元社長であり、一国一城の主として仕事をすることに慣れた人々だった。スローンは彼らを説得しなければならなかった。

「当然のことながら各部署は抵抗したが、私はその必要性を説いた。そして分権経営を行い、権限を下に与えるということは、逆説的だが、共通の目的のために、各部署が持っていた機能の一部を返上することを伴うのだと、そのとき初めて学んだ」[5]

後にスローンはこの経験から身につけた手法を用いて、部署としての目標を会社全体のために妥協したがらないGMのスタッフを説得することになる。

スローンの組織計画におけるもう一つの重要な方針は、ユナイテッド・モーターズの各部門に利益を出す責任を明確に持たせることだった。スローンは社長として各部門の損益に関心を持っていたため、会計基準を導入して各部門に従わせた。この新たな財務システムによって、人件費、原材料購入費、賃料その他の経費について多くの事実がはっきりと見えるようになった。収入からそれらの経費を差し引いて、各部門の真の収益性を算出することが可能になった

[5] Sloan, 前掲 *My Years with General Motors*, p.47.

のだ。

このようなデータをもとに、各部門に対して問題点――行き過ぎた経費や常軌を逸した変動費など――の指摘をすることができるようになった。ユナイテッド・モーターズの損益にどの部門がどれだけどのように貢献しているか、正確な評価が可能になった。

一九一八年、GMがそれまで子会社だったユナイテッド・モーターズを本社の一部門に組み込んで、スローンをGM本社のバイス・プレジデントにしたとき、デュラントはスローンがそれまで進めてきた部門ごとの損益に関する事実掌握を引き続き行うことに一切の関心を示さなかった。それはスローンを悩ませた。

「もはや資本利益率を求めることはできなくなった。それは必然的結果として、自分の担当事業に対する経営コントロールの度合いが下がることを意味した」[6]

スローンは今一度、ハイアット・ローラー・ベアリング社に入社したときと同じ、不満を抱えた一人の部下の立場に逆戻りしていた。意思決定権はスローン以外の人間に握られており、かつスローンの目には、その人間の仕事ぶりはお粗末に映った。

「私には自分の担当事業が収益を上げているという自負があった。そしてその成果が余剰利益として帳簿上で吸収されてしまうのではなく、独立した業績としてはっきり示されるようにしておきたいと願っていた」[7]

デュラントの経営においては、すべての部門がGMという大きなるつぼの中でまぜこぜにされていた。社内でどの部門が利益を上げ、どこが上げていないかを特定できるような、責任の

[6] 同書 p.48.

[7] 同書 p.48.

所在を明らかにするシステムは存在しなかった。

しかも、経営委員会のメンバーたちはそれぞれ自分の担当事業の利益を増やすことばかり考えていた。

ユナイテッド・モーターズの部門を率いる立場であると同時に、デュラントの経営委員会のメンバーでもあったスローンは、ジレンマを抱えていた。基本的に、彼には報告を上げるべき直属の上司がいなかった。そして経営委員会の一員としては各部門の効率性を具体的かつ客観的に知りたかった。なぜなら「どの部署へ資金を割り当てるのが最も社の利益にかなうのか、本社の幹部が把握していないようでは話にならない」[8]からだ。


このころ、スローンはGMで二重のフラストレーションを抱えていた。一つは各部門に責任が欠如していること。もう一つは経営委員会の各メンバーが勝手な発想でいるために、組織全体としての力が最大限に発揮されていないことだ。一九一九年までの時点で、GMの役員会にはデュポン社から数人の役員が送り込まれていたものの、デュラントは社長として相変わらずの支配力を保持していた。

デュラントは、そんなスローンを手なづけるために餌を与えた。彼を部門間関係の検討を行う委員会の議長に任命したのだ。スローンは自分の考えを知ってもらおうと、組織をいかに改善するか一年間かけて分析を行った。そして一九一九年十二月、彼はデュラント社長宛に改善策をしたためた。この『組織研究』と題された報告書は、次のような点を要旨としていた。

[8] Sloan, 前掲 *My Years with General Motors*, p.48.

- 事業（GMの各部門）の目的は、資本金を元に利益を上げることである。
- 満足に値する利益が得られない場合、その事業は放棄されるべきである。
- 収益が上がる事業は市場において拡大されるべきである。
- 社内取引の売上は、公正な利益を算出するために、コストを加味して行うべきである。

要は、投下した資本に対してどれだけの利益を上げているかが、部門や事業の業績を測るべき唯一の財務指標だとスローンは宣言したのだ。同時に彼は資本利益率を重視することが事業部単位の組織運営にも役立つことを見抜いていた。

- 各部門が会社に対する自分の貢献度を明らかにし、高めることに熱心になるため、士気が高まる。
- 正確な統計分析が必要となるため、部門ごとに投下された資本に対して正味どれだけの収益が上がったのか、本当の意味で比較できる。
- 社内で最も必要とされている部分に戦略的に投資を行うことができるようになる。

スローンが記したように、「GMにおいて、財務コントロールに関する広範囲の原則を文章に表したのは、これが初めてだった」。[9]

[9] 同書 p.50.

二大原則と五つの目的

『組織研究』を提出したものの、スローンの胸中は複雑であったに違いない。『組織研究』にはGMが改善すべき要点が細心の注意を払って記されていたが、それが提出された相手は他ならぬデュラントである。彼はコントロールを強化してGMという組織を作り変えようという関心を示したことはなかった。加えて、独裁者という点ではヘンリー・フォードに勝るとも劣らないデュラントは、社内で唯一の意思決定者としての立場を大いに気に入っていた。

スローンは自分の考えを伝えるもう一つの方法を考え出した。デュラントを迂回して『組織研究』をGM役員たちに配布したのだ。財務的にも組織的にも混乱の極にあったGMを建て直す青写真を作る人間がとうとう現れた――『組織研究』は圧倒的な好意的反響を巻き起こした。そして一九二〇年九月、彼はGMにやってきたばかりのピエール・デュポンに『組織研究』を郵送した。

『GMとともに』の中でスローンは意図的に、前任の社長であったピエール・デュポンを舞台に登場させた後に、『組織研究』の二大原則を読者に紹介している。あたかもこれがGMの歴史とスローン自身のキャリアにおいてきわめて重要な転換点であることをさりげなく物語ろうとしているかのようにも思える。『組織研究』の中には次のような二大原則があった。

1　各事業部の最高責任者に付与される職責は何ら制限を受けるものではない。各事業部は、必要な機能をすべて有し、自らの責任による決断を下し、発展をめざすことができる。
2 一定の本社機能は、会社が発展を遂げ、全社の活動を適切にコントロールするために、必要不可欠なものである[10]

これは、各事業部が権限を持ちつつ、本社の監督下にあって一企業として機能するという、長年スローンが温めてきたアイディアの集大成と言ってよいだろう。

さらにスローンは二大原則に五つの目的を加えて肉付けした。

1 会社の業務を構成する各部門の役割を明確にし、部門同士ならびに部門と本社との関係も明確に定める。
2 本社の立場を明確に定め、各部門と協調的に本社業務を行う。
3 会社の執行機能のコントロールはすべて最高執行責任者である社長に集中させる。
4 社長直属の執行役員の人数を現実的な数に抑える。
5 各事業部が互いにアドバイスを与え合う仕組みを設ける。[11]

この五つの要点の中には近代的で効率的な会社組織の基礎が伺える。各事業部長は多くの事柄をコントロールする立場にあるが、すべてを管理するわけではなく、その他の部分は同様に幅広い裁量権を持つGM社長によって運営される。明確な権限を与えつつ抑制と均衡を図る

[10] Sloan, 前掲 *My Years with General Motors*, p.53.
[11] 同書 pp.53-54.

という点では、アメリカ合衆国の政治システムのような民主制度に似ていなくもない。「『組織研究』に記された原則をもとにGMは近代化を進め、極端な中央集権組織でもなく完全な分権組織でもない中庸の道を歩むようになった」[12]

中庸の道を全うするために、分権制度に則って会社組織図が描き直された。

一九二一年一月時点の組織図は、一一〇近い組織枠もしくは機能枠から成っている。各事業部を率いていた幹部たちは、新たな組織図のヒエラルキーの中で自分たちがどこに位置するか、明確に知ることができた。(全員が中ランクの「事業部スタッフ」レベルに配置されていた。)彼らは、財務、不動産、研究、設計に関して個別に持っていた独裁性を失った。そして経営委員会に直属する立場となったことがはっきりと記されていた。各部門は自分たちの自主性いかんで社内における立場が良くも悪くもなることを認識した。組織内のすべての道は社長に通じることが明確に示されたと同時に、GMという巨大組織においてはシボレーのように重要な事業部さえ、全体の中の一部でしかないことがさりげなく示されていた。

スローンは社長としてすべての事業部が一つの会社としてスムーズに運営されるようまとめ上げることに、一九二〇年代末までの期間を費やした。その結果、本社と事業部が効率的に結びつき、成功という大きな目的に向かって力を合わせて邁進する組織が出来上がった。

ピーター・ドラッカーはGMの歴史的な組織改革について、一九四三年にこう記している。「GMは連邦制度を試みて、総合的に見て大成功をおさめた。それは事業部に最大限の独立性と責任を与えつつ、全体としての一体性を併せ持つ制度だ。言い換えれば地方自治を通じて統

[12] Sloan, 前掲 *My Years with General Motors*, p.55.

一を実現しようとするものだ」[13]

長期的な成功のために

一九二一年、瀕死の状態にある会社を生き返らせるべく、新たな経営委員会が発足した。委員はピエール・デュポン、スローン、ジョン・ラスコブ、J・アーモリー・ハスケルだった。スローンはこの四名について、誰一人、自動車メーカーを率いた経験を持っていなかったことを指摘している。

「自動車メーカーの経営ということに関しては、私もまた発展途上の状態にあった」[14]

前年の一九二〇年には、販売台数がGM史上最高の三九万三〇七五台に達していた。それが一九二一年になると、戦時景気が終わり需要が急激に下がったため、二一万四七九九台までに落ち込んだ。前年比四六%の減少だった。

経営委員会は試行錯誤を繰り返した。ウィリアム・デュラントからすべての権限と肩書きを奪い返した今、意思決定権は経営委員会の手にあった。

どうやら経営委員会の四名が自動車製造について何の知識も持っていなかったために、その道の専門家とは異なる見方ができたようだ。

経営委員会は自動車づくりの経験を背負っていなかったからこそ、革命的とも言える解決方法を実施することができたし、最終的にはそれが会社のためになった。彼らは、よりたくさん

[13] Drucker, 前掲 *Concept of the Corporation*, p.46.

[14] Sloan, 前掲 *My Years with General Motors*, p.56.

の自動車を販売することにのみ力を注ぐのではなく、自動車ビジネスの経営において、長期的に成功するために必要な全体的かつ重大な問題を解決することに心血を注いだ。

この経営委員会は献身的なメンバーたちによって円滑に運営された。一九二一年に抱えていたさまざまな問題を解決するために、一〇一回の経営委員会が開催された。また委員たちは問題の深さを自らの手で測るため、すべての工場とオフィスを訪問した。

「GMはどのような自動車を製造してゆくのか、明確なポリシーがないことに我々は気づいた。それを決めるが次の仕事だった」[15]

分権で自律を促す

スローンは、GMの各事業部や事業部長たちから、彼が『組織研究』で推奨した新たな連邦分権制度に対して反発があることを覚悟していた。発足したばかりの中央に人々が既得権を返上したがらないのは今に始まったことではない。ドイツのビスマルクやイタリアのガリバルディなどの建国の歴史にも見られるように、小さい地方政府は新たに生まれた大きい組織に飲み込まれる恐怖から、同じようなためらいを覚えるものだ。

それに加えて、各事業部の幹部の多くは、機械工から工場長へ、そして事業部のスタッフへと下から少しずつ階段を登ってきた者たちだった。一方で、組織改革を通達してくる経営委員会の面々は、ニューヨークで数字とにらめっこばかりしている、自動車づくりにはなんの経験

[15] Sloan, 前掲 *My Years with General Motors*, p.56.

もない連中だと考えられていた。ピエール・デュポンもスローンも、ミシガン出身のデュラントとは違って、車に関する生来の「感覚」というものを持ち合わせていなかった。あの東海岸のやつら（しかもラスコブ以外は全員が大卒だ）に車づくりの何が分かるっていうんだ？　そんな問いが方々で聞かれた。

スローンは経営委員会に顔を持たせる必要があると気づき、社員たちと会うために出かけていった。自動車に関する社員たちの不満や提案を聞くことで、組織についても従業員についても新しい情報を学べることを彼は知っていた。

ニューヨークとデトロイトの間を何度となく往復し、夜はＧＭ社内に泊まったほどだった。組織図を見せて、分権化が事業部にまず最初にもたらすであろう利点を指し示すのがスローンの役目だった。彼の話は論理的だった。これからは事業部の業績は、全体の中に組み込まず、個別に評価される。さらに、今まで各部が個別に持っていたため全体として見たとき重複していた機能（不動産、法務など）を、専門部署を作って任せることによって、コスト削減と効率化を図れると説明した。

しかしスローンが念頭に置いていた、より本質的・長期的な目的と目標を実現するために、何よりも彼らに理解してもらわなければならなかったことは、企業というものは（いかなるビジネスであれ）、利益を生み、かつ継続していかなければ意味がないということだった。そしてその目標を達成するための戦略が分権制だった。

「各事業部の経営陣は、自律性を保ちながらも方向性を与えられなければならない。本社経営陣は、全体をまとめるように効果的なリーダーシップを発揮しつつ、各事業部に対しては調整と助言を行うにとどめるべきだ」[16]

スローンの分権制の短期的利点を踏まえて、各事業部の経営陣には新たな考えが芽生えた。かつては事業部長が下すべき決定は数多くあったが、事業部独立体制においては意思決定の対象が明確に絞られる。さらに事業部経営陣は、他事業部の幹部たちも自分たちと同じように自己統治のための意思決定に関わっていることを知っていた。また一方で自分たちの仕事の多くの側面がスローンによって統括されていることも知っていた。ピーター・ドラッカーはこう書いている。

「GMでは本社経営陣が、各自動車事業部が作る製品の価格帯を決定する。こうして主要な事業部同士の競争を抑制するのだ」[17]

しかしスローンは事業部の幹部たちにさらにたくさんのサプライズを用意していた。彼は幹部たちを一つの事業部から別の部門の、より重要なポストへ異動させたのだ。ビュイック事業部で成績を上げた販売マネジャーは永遠にビュイックの中に押し込められているわけではない。他の事業部へ栄転できるのだ。この連邦制分権制度は、才能ある人材を見つけ、若手幹部に活躍の場を与えるシステムだった。自分が評価される領域がはっきりし、本社が担当してくれる多くの領域については考える必要がなくなったため、彼らは自分の下すべき決定に集中して、スキルを高めることができた。

[16] Drucker, 前掲 *Concept of the Corporation*, p.45.

[17] Drucker, 前掲 *The Practice of Managemennt*, p.222.

コントロールを一元化する

各事業部の疑い深い人々を説得するのに、スローンが財務データを活用したのは賢明な判断だった。しかしまずは、これまで一度も統計的なデータを厳密に精査したことがないGMにおいて、どのように財務をコントロールしてゆくのか決めることがスローンと経営委員会にとっては先決だった。

「私たちの財務方針も、組織方針と同様、一九二〇年の廃墟から誕生したものだった」[18]

ユナイテッド・モーターズの社長だったとき、より正確な財務報告を出すために新たな会計システムを作った経験をスローンは持っていた。経営委員会の四人組は、GMの全事業部に適用する新しい財務システムを実施することを決定した。スローンの目標は、自分の作った分権化プランをさらに推し進めるために、各事業部の財務状況を把握することだった。彼はこう記している。

「財務手法を事業に応用するのも私の責任だった。なぜなら財務は真空地帯に存在するものではなく、事業の一部であるべきだからだ」[19]

彼の目標は二つあった。一つはそれぞればらばらに野放図な支出を行ってきた事業部の裁量を制限すること。もう一つは事業のコントロールを一元化することだった。スローンは各事業部ではなく、本社に財布のひもをコントロールさせようと考えた。

財務コントロールを行うための具体的ステップとして、さまざまな業務を支出と結びつけて

[18] Sloan, 前掲 *My Years with General Motors*, p.116.

[19] 同書 p.117

分類するという初の試みが行われた。

今日ではこのような手法は常識となっているが、それらがどのようにGMに影響を及ぼしたかを見て行くのは大切なことだ。

資金循環のルール

GM全社として支出の優先順位を決めるシステムが作られ、マニュアルが作成された。さらに各事業部にも、財務委員会の承認を経ずに使える一定額の資金を割り当てた。

❶手元現金

以前は各事業部が現金出納を行い、独自の口座で管理していた。GMが配当や税金などを支払うときには、各事業部から拠出してもらわなければならなかった。新制度では、各事業部の口座を廃止して一つに統合し、現金管理は本社の役割とした。その結果、GMの信用供与枠が一気に拡大し、銀行との関係も良好になり、さらには安全性の高い短期債への投資を通じて収益を増やすことができるようになった。

❷在庫管理

新たに導入された規則のうち、最も重要だったのが資材や部品の在庫のコントロールだった。

従来、仕入れについては各事業部長がサプライヤーと個別に交渉していた。材料費をカバーできるだけの短期収益が上げられるかどうかについては、何の考慮もされていなかった。スローンの指導の下、各事業部から在庫管理業務を取り上げて、本社に在庫管理部門が設けられた。一九二一年、膨張していた在庫はあっという間に半分以下に減り、在庫の回転率はたった二年間でそれまでの倍の年四回になった。

❸生産管理

ＧＭは四カ月単位の販売台数予測を立てるようになった。各事業部には、生産を続行する資金の拠出を了承するサインをスローンから得るために、前もって生産スケジュールを提出することが義務付けられた。もっとも小売の数字を正確に予測することが困難なため、販売台数の予測にはいつもギャップが生じた。これはスローンをその後何年も悩ませ続けた問題ではあった。車が何台売れるかという点について、社内には常に二つの対立する意見があった。スローンは予測に大きな開きがある理由をこう説明している。

「……ＧＭには二つのタイプの人間がいる。片や楽観的で熱意にあふれるセールス・マネジャー、片や数字を元に客観的分析を行う人間だ」[20]

標準生産量の概念

財務コントロールシステムの最後の一歩は、会社の長期的な資本利益率を測るために考案された標準生産量という評価指標だった。各変動要因（量、コスト、価格、資本利益率）の相関を社内で標準的に使いうるような数式として確立した、この新たな測定法によって、期待達成水準の明確化が可能となったのである。

スローンが社長に就任した一九二三年から二五年まで、彼と財務委員会は巨大な会社を一貫性のある一つのまとまりに変身させようと昼夜休みなく働いた。

各事業部はさまざまな分野で独立性を手放さなければならなかった。財務部門ではとりわけそうであったが、連邦制分権制度の結果、GMは記録的な売上高、収益、そして最も重要な利益を達成した。スローンは誇りを持ってこう報告している。

「財務コントロールの必要性は危機の中から生まれたものだった。二度と危機が起こらないようにするため、管理を行うことになったのだ。……本社の経営陣は、各事業部の経営がうまく行っているかどうか知ることが可能になった」[21]

以上をまとめると、新たなGMは二つの道を切り拓いて足場を固め、企業としての繁栄を目指したといえる。一つはコストと財務を広くコントロールする本社であり、もう一つは本社から独立した事業に力を入れる分権化された事業部だ。その実現を可能にしたのが、各事業部が

[20] Sloan, 前掲 *My Years with General Motors*, pp.133-134.

[21] 同書 p.148.

同じ指標で測られ、その貢献度を評価されることであった。

一九四一年に一冊目の自伝の中で分権制を選択する決断において、彼には自分が生み出したものが何であるのかはっきり分かっていた、との記述がある。

「最初のステップは中央集権的な運営方法を取るか、分権体制を取るか決めることだった。分権制は自由企業体制に近いもので、中央集権制は画一的管理に近かった。私たちは画一的管理の色合いを残した自由企業体制を選んだ」[22]

事例　スミソニアン・インスティテュート：分権とコントロール

分権制度が効果的に機能している組織の例として、スミソニアン・インスティテュートが挙げられる。スローンのGMに似て、スミソニアンにも非常に効率よく運営されている本部と、数多くの美術館や研究所などの独立した事業部がある。

各事業部が一般の人々やサプライヤーと直接接点を持つ点や、本部に始終報告をしなくてよい点など、GMとスミソニアンには多くの類似点がある。スミソニアンの場合、本部とは最高位の職員、すなわち事務局長を指す。

基本的にスミソニアンは美術館だと思われているが、実際にはその活動範囲は遥かに広く、これまでにも多くを成し遂げてきた。スミソニアンは十八の美術館およびギャラリー、ワシントンDCにある国立動物園、七つの研究所に加えて、雑誌、通信販売カタログ、商品開発、

[22] Sloan, 前掲 *Adventures of a White-Collar Man*, p.134.

エンターテイメントなどを担当するスミソニアン・ビジネス・ベンチャーからなる組織だ。ちなみに、スミソニアンにはパリのルーブル美術館やロンドンの大英博物館を合わせたよりも多くの来館者が訪れる。また、ダレス国際空港そばに新たに開館した国立航空宇宙博物館は世界最大の屋内空間だ。

このように多種多様にわたる展示を観客に提供するのだから、組織を高度に分権化し、個々の事業部にやる気を持たせなければ、スミソニアンは効果的に機能しない。各美術館、ギャラリー、動物園の入場者数は、アフリカの歴史と文化を紹介するアナコスティア美術館の二万二〇〇〇人から、国立航空宇宙博物館の四九〇万人までと、非常に幅がある。

スミソニアンのさまざまな事業部は以下の四人——最高業務責任者(COO)、美術次官、科学次官、ビジネス・ベンチャーのCEO——いずれかの監督下にある。この四名は中央事務局長の直属で、いわば経営委員会のようなかたちで重要な方針や業務上の問題を話し合う。

あまり広く知られていないが、六三〇〇人いるスミソニアンのフルタイム職員の八〇%は公務員である。彼らは、米軍その他のフルタイム連邦政府職員とまったく同じ給与等級、医療補助の対象である。そして彼らの具体的な業務内容は、たとえば修復家であれ剥製師であれ、ほかの連邦政府職員の仕事同様、厳密に規定され成文化されている。残りの二〇%は「信託基金」職員と呼ばれ、やはり同レベルの給与と手当てを受けている。このように二種類の職員を持ち、全員が政府職員ではない状況を作ることによって、スミソニアンは政府からある程度の独立性を確保することができる。

この巨大複合体を運営する予算は六億ドルで、七割が連邦政府からの拠出金、助成金、契約金のかたちで降りている。差額は、個人や企業会員プログラムを通して民間から募った寄付金で埋める。寄付はスミソニアン全体に対して行うこともできるし、特定の美術館や研究所単位、あるいは展覧会や研究プロジェクト単位で行うことも可能だ。

資金調達はスミソニアン全体として、または事業部ごとに行われる。特に美術館と動物園は資金を生み出すための独自のキャンペーンを幅広く行っている。多くの部署が具体的な目標収入を達成するための会員プログラムを個別に持っている。

分権化という点から言うと、各美術館、研究所、動物園は明確に分離された事業部として運営されていて、それぞれが独立機能を数多く持っている。非定期的な特別展の場合、美術館は独自に展覧会を行い、広告キャンペーンについても一定のガイドラインのもとで中央事務局からの承認なしに行うことができる。

中央事務局が行うことは、主に美術館への年間入場数を調べて業績を監督することだ。しかし入場者数が評価のすべてではない。来場者の反応、アンケート結果、それから面白いことに、よその美術館の学芸員や専門職スタッフからの評価なども重要な要素として測定する。

スタッフの雇用は、ほぼすべてが各事業部に委ねられている。ただし館長や資金調達責任者のような要職は別だ。このようなランクの高いポストは中央事務局の管轄となる。

スローンがGMを一つの企業として上手に宣伝したように、二〇〇万人の購読者を持つ『スミソニアン・マガジン』も「一つの組織」というイメージを広めるのに一役買っている。この雑誌ではアメリカ文化、美術、音楽、自然史、近代社会などのトピックが網羅されている。

スミソニアンは一歩進めて、このあまたある事業の運営主体が誰なのか、一般の人々に忘れられないよう努力している。ウェブサイトでは各美術館やギャラリーのページには必ずスミソニアンの名前を入れるようにし、七つある研究機関の前にもスミソニアンの名が使われている。さらに白や黄色の輝く太陽のマークは、効果的なロゴとして（GEのロゴのように）スミソニアンのあらゆる部分に使われている。

スローンの教え「新時代の組織形態」

スローンが初めてGMで実施した組織形態は、複数の事業部を持つ大きな企業において最も効率的に機能する。しかし、本社の監督下に独立した自主性の高い事業部を抱えるというスローンの組織計画の骨子は、小さな組織においても有効であろう。この組織形態は、ヘンリー・フォードによって大失敗であることが証明された独裁経営を打破するものであった。

またこの形態においては、組織は内部にいくつもの箱を作って、その箱を埋める人の責任を明確にしなければならない。このようにすれば一つひとつの部署は、有り余る権力を持った最高君主から始終干渉されることなく、常に業績向上を目指し、大きな裁量権を持ちながら目標の達成に邁進することができる。

財布の紐をコントロールする

分権制組織計画のもう一つの核心は、事業部（ならびに委員会）は独立性を持っていても、支出に関しては本社の指示を仰がなければならないということだ。これによって二つの重要な点が達成される。一つは、外部からのコントロールを受けずにすべての重要な決定を実行できるわけではないということを、事業部に対して認識させること。もう一つは、予算を財務当局に出さなければならないと分かっていれば、各事業部ともコスト節約をより強く意識するようになるということだ。

委員会を活用する

スローンの組織計画の長所の一つは、諸々の経営課題の解決策を検討する特別委員会を各種設け、その結論に信頼を置いたことだ。委員会が最大限の成果を出せるよう、スローンは常に専門知識を持った人材を各部門から集めて委員会を構成した。スローンはこれを「共通の認識」を作る作業と呼んだ。

さらにスローンの革新的采配の例の中でも見過ごされがちなのが、彼が事業内容の変化に応じてさまざまな新しい委員会を作ったことだ。たとえば「特約店委員会」も、彼が新たに設立して成功させた数多くの事例のうちの一つである。

第9章

流通ネットワークを強固にする

GMが市場で成功するためには効果的な流通ネットワークが不可欠であることをスローンは理解していた。しかしながら彼がGMの指揮を執り始めて間もない一九二三年頃の特約店は、彼が構築した分権制と中央集権制を組み合わせた壮大な組織計画の埒外にあって、本社の力が及ばないため、少々厄介な存在であった。

特約店との関係においてスローンが抱えていた悩みは、他の競合メーカーにも共通していた。すなわち自動車の小売販売、ならびに顧客や一般大衆との直接の接点という部分を、メーカーから独立した存在であるフランチャイズ組織に依存するしかないという問題だ。現実家のスローンは次のように述べている。

「流通におけるフランチャイズ制度は、業績が良くてしっかりした特約店の一団を取引先として持っていてこそ、メーカーにとって意味のあるものだ。関係者それぞれが利益を享受できるような関係にしか、私は興味がない」[1]

GMでは時間と資金を費やしてさまざまな変動要素を体系化し、最良の特約店を選ぶための効率的なシステム作りを進めた。自動車がまだ珍しかった時代には、地域での信用が篤い一流の実業家が特約店オーナーとして選ばれるのが普通であり、それがベストな方法だった。しかしGM組織改革の一環として特約店を扱うのであれば、この時代遅れになった手法も近代化する必要があるとスローンは考えた。

「私は歴史的変化が起こっていることに気づいた。……特約店の経営状態は悪化しつつあり、GMのフランチャイズ権は魅力を失っていた」[2]

自動車販売のフランチャイズ権、とりわけGMの五モデルのいずれかの販売権を手に入れることは、一生涯の富と社会的ステータスを保証されることに等しかった。しかし次第に、メーカーは特約店に対して単なる安定や地元の名士という属性以上のものを求めるようになっていった。自動車三大メーカーは特約店に対して販売とサービスが一体化した役割を求め、とりわけサービス面を重視した。

当初からスローンが問題視していたのは、メーカーが最終販売者である特約店からの一切の情報インプットを受けずに自動車を製造していることだった。メーカーと特約店は信頼関係によって結ばれていた。特約店はGMが、消費者にとって魅力ある車をデザインし、生産し、全

[1] Sloan, 前掲 *My Years with General Motors*, p.280.

[2] 同書 p.281.

国的に宣伝することを信じている。ＧＭの方では特約店が各地域においてＧＭの車を宣伝・販売し、顧客にアフターサービスを提供することを信じている。

「自動車の流通における特約店の存在意義は二つある。多くの他業種においても同様だが、特約店は顧客とじかに接するということによる。一つは、引き合いとして自動車販売のチャンスを創出すること、もう一つは最終的に売買契約を獲得することである」[3]

販売ならびに各地域レベルで起こるすべての事柄を、それぞれに独立した裁量権を持つ特約店の勝手にさせはしないとスローンは決意した。また彼は、ＧＭがＧＭＡＣによる現行の特約店融資を拡大するだけでなく、特約店がＧＭの顔としてより一層、仕事をしやすくなるような効率的な手法を模索することで、特約店をしっかり支えるべきだと考えた。一社だけでなく他の特約店にも応用できるベストな特約店の経営手法を見つけようとしたのだ。その目標は「……関係者全員にとって安定的で経済的な基盤を作って自動車を流通させること」[4]だった。

スローン以前の流通網

大々的な改革を実行する前に、事実を収集する必要があるとスローンは主張した。そして自ら全米の特約店を回り、フランチャイズ・オーナーと会って定性的調査を行うことにした。対象は一万三〇〇〇店以上の特約店だった。

その結果、特約店は一店舗ずつが個人事業家であり、車の販売方法や広告手法に関する彼らの

[3] 同書 p.280.

[4] 同書 p.283.

考え方は決して一様ではないことをスローンは知った。彼らはGM車の販売とサービスの最前線に立っている。スローンはGMにとっての特約店の重要性について慎重に考えた。「一九二〇年代に、GMは経営状態を把握するためのデータを入手するという点で格段の進歩を遂げたが、特約店の経営状態を示すデータは当時まだ何も持っていなかった」[5]

新車への需要が高まり、とりわけGM車の売上がうなぎ上りだった一九二〇年代、中古車市場の発展とあいまって、アメリカ自動車メーカー各社は流通ネットワークにおける変化を経験することとなる。これは特約店にとって重要な変化であり、売りやすい時代から売りにくい時代への変化が起きたとスローンはとらえていた。

常に事実にもとづいて行動するスローンにとって、過去の非効率を改革するための答えは販売の現場である特約店で見つかるはずだった。彼はオフィスを出て事実捜しの旅に出た。今回も彼は不確かな情報や勘には興味がなかった。GMの特約店網は全米に及んでいたが、スローンは遠い地域の特約店が持つ問題意識・意見と、身近な中西部の特約店が持つ意見とに共通点を探りたかった。彼は上場企業の社長としては、当時も今も異例なことをやってのけた。「私は汽車の車両をオフィスにしつらえて、数名の部下と共に全国の都市をほぼすべて巡り、一日に五軒から十軒の特約店を訪問した」[6]

特約店のオーナーたちとの面会で、スローンはおびただしい量のメモを取り、彼らからの批判や提案を書き留めた。このような率直な意見交換から、スローンは特約店ネットワークというものの性質と彼らが何を必要としているかを学んだ。加えて、特約店オーナーたちの方に

[5] Sloan, 前掲 *My Years with General Motors*, p.286.

[6] 同書 p.283.

もスローンが批判や反対意見に対して広い心で受け入れる人間であることが伝わったに違いない。事実そのとおりであった。

本社に戻ったスローンはメモを丹念に読み直した。そしてGMと特約店が共通の目標と利害を持っていることを見極め、特約店と新たな契約を結ぶ決心をした。

特約店との新しいパートナーシップ

スローンは特約店とGM両者にとって公平な解決方法を研究した。全国行脚をして、スローンのフランチャイズ・オーナーたちに対する認識は一変した。成功に対する特約店の熱意はメーカーと同じくらい強いことを知り、スローンは彼らの率直さと誠実さに胸を打たれた。両者に必要なのは、互いが利益を得られるフェアな方法だった。
「しかし（現行の方法に代わる）選択肢はなんだろうか？　私が知る限り方法は二つしかない。一つはメーカーが販売網を傘下において経営する方法。もう一つは誰にでも車を売れるようにする方法だ。私自身はそのどちらにも懐疑的だ。フランチャイズ制度こそ、メーカー、販売店、消費者にとって最も優れたシステムだと私は思う」[7]
スローンは諸問題の中から自動車メーカーと特約店ネットワークとの間に固有の古典的問題をくくり出した。過去において自動車メーカーは出来るだけ多くの車を生産し、景気の状況にかかわらず、特約店は完成車を引き受けるべきだと言って押し付けてきた。メーカー側の理屈

[7] 同書 p.301.

は簡単だ。

「原材料の時点から消費者の手に渡るまでのスピードが速ければ速いほど……業界の効率性と安定性は高くなる」[8]

簡単に言うと、フランチャイズ店は他社のモデルを販売する自由を持たず、一社の自動車メーカーとの動産契約に縛られている。それがメーカーとフランチャイズ店の従来の枠組みだ。このシステムにおいては、メーカーが特約店に販売すべき台数の総数を押し付けることが許されるため、初めから不公平な状況が存在するとスローンは考えた。

まずはこの暴君的やり方を改めることが、特約店との契約を見直す第一歩だった。特約店に対して一方的に仕入れを押し付ける関係に終止符を打つことは「……共通の利益という認識の上に立った、メーカーと特約店の新たな関係の始まり」[9]であるとスローンは記している。将来においては、何らかの相互理解を経ずに、GMが何百台もの車を特約店の駐車場に置いてくるようなことは起こらない。ただしモデルチェンジの時期には、新たなモデルを売るために在庫を減らす必要があるため例外とした。旧モデルの販売については特約店に協力してもらわなければならない。

不満を紐解く

スローンがただちに解決しようとした問題の一つは、一定の地域内における特約店の数だっ

[8] Sloan, 前掲 *My Years with General Motors*, p.284.

[9] 同書 p.284.

た。さらに、一つの町や村が特約店を支えられるかどうかを示す統計的要件は何であるかも知りたかった。スローンにははっきりした目的が二つあった。

「……極力、効果的に市場に浸透すること、そしてそのためには特約店に頼らなければならないのだから、適正な数の特約店を持つことが必要だった」[10]

その答えを見つけるため、GMは各地域の人口、住民の収入レンジ、データがある場合は特約店の過去の販売実績、そして現在の景気循環などの調査に乗り出した。当時としては革命的な研究であったが、特約店というデリケートな問題について社の方針を修正する前に、いつものように事実にもとづいて全体像を把握したいとスローンは考えていた。

小さな地域においては、特約店の過去の業績を調べれば目標がどのように達成されてきたかを知ることが出来た。しかし人口の多い都市部においては、問題はより複雑だった。GMは地域を細分化し、限られた区域内の人口データをもとに市場としての有望性を判断した。

スローンは、新モデルを投入する前に旧モデルを売りさばいてもらうために、新たな取り決めを作って特約店の機嫌を取った。これにより自動車業界において初の「モデルチェンジ前セール」が実施されることとなった。

過去の契約においては、「年間売上計画」として契約書に明記されている販売台数をこなせなかった場合、特約店は新モデルが店に到着する前に、自腹で旧モデル在庫を清算しておかなければならなかった。これはGMのモデルが魅力的で、特約店が計画を達成した場合には、

[10] 同書 p.284.

店にとって有利になるシステムだった。ところがそのモデルが見込みほど売れなかった場合、店はシーズンの終わりに損失をかぶらなければならなかった。

スローンの主張により、GMは特約店に対して在庫処分手当てを支給することにした。金額は規定の計算式によって算出した。旧モデルを一掃することが目的では決してなかった。なぜなら新モデルがショールームに到着した月に旧モデルも店にないと困る場合もあることをスローンは知っていたからだ。

手綱を引き締める

GMと特約店の全般的な契約合意について、スローンにはまだ不満があった。彼は特約店の中に経営スキルのばらつきがあることに気づいていた。うまく行っている店もあれば、販売台数が多いにもかかわらず満足な資本収益率を上げていない店もあった。個々の特約店は独立した会社であり、財務手法や販売方法がまちまちであることがスローンの悩みの種だった。特約店ネットワークはGMの原材料から顧客に至るチェーンのなかで最も「弱い鎖」であるとスローンは指摘した。そしてこう記している。

「特約店組織全体として、業務システムに大きな不安を感じる」[11]

問題はいかに効果的に、そして素早くシステムを改善するかであった。スローンの天才的改革力をいかに特約店ネットワークに反映させればよいだろうか？

[11] Sloan, 前掲 *My Years with General Motors*, p.287.

スローンはこの複雑な問題に大しても解を導いた。全米一万三〇〇〇店以上のフランチャイズ網を管理・組織する独創的な解決策は、やはり事実の収集と分析から始まった。全国の特約店からデータが集まると、スローンはGMと特約店の双方にとって利益があるように、特約店ネットワークの働きを変える効果的な方法を発見した。

数年間ハイアット・ローラー・ベアリング社の社長を勤めた経験から、小規模企業の経営がどのようなものかスローンはよく知っていた。そのため特約店の苦境に対して、他の人々より敏感だった。何らかの財務コントロールが特約店システム改善の鍵となるだろうことをスローンは本能的に見抜いていた。彼はGMの各事業部に対して経営委員会がコントロールを及ぼしたような形でフランチャイズ・オーナーたちをコントロールしたいと考えた。しかし特約店はメーカーから独立した存在であるため、GMに出来るのは改革を提案することだけだった。特約店にGMの意向を押しつけることはできなかった。

スローンはGMが特約店の財務システムを評価できるようにするべきだと考えた。そして特約店の財務システムに関する大掛かりな報告書をまとめるだけの時間と人材は社内で見つかるはずだと考えた。GMはこの調査プロジェクトにかかる費用をすべて負担し、調査結果を無料でフランチャイズ・オーナーたちに還元することとした。

改善できる可能性が認められる部分には決して金を惜しまなかったスローンは、特約店調査に追加資金をつぎ込んだ。彼は調査プロジェクトの費用を投資と考えた。調査を元に会計システムを確立すれば、定期的に送られてくる報告書にもとづいて、GMは各特約店の販売状況を正確に把握できるようになる。そうすれば、業績の振るわない特約店を早期に発見して問題点を是正できるし、極端に業績が悪い場合には、十分に時間をかけて契約解除を検討することも可能になる。

「魔法の杖をひと振りして、すべての特約店に適正な会計システムを導入することが可能ならば……私はいくらでもお金を払うだろう」[12]

こうして新たな監査システムが一九二七年に作られ、モーターズ・アカウンティング・カンパニーという会社によって実施された。スローンはこの会社からスタッフを特約店に派遣し、この新しい会計システムのメリットを売り込み、導入を助けた。さらに全特約店の一〇%、販売台数ベースでは三〇%に当たる一三〇〇の特約店を抽出し、さらに突っ込んだ統計調査を行った。その成果についてスローンは次のように述べている。

「……非常にコストのかかる大掛かりなプロジェクトであったが、おかげでGMの各事業部も本社も流通システムの全体に目が届くようになった」[13]

最初の監査結果が完成したとき、GMはそれをすべての特約店に配布した。特約店は、自分の店の売上や会計データを全体の平均値と比較することができるようになった。こうして特約店の達成すべき業績水準が、メーカーによって初めて設定された。その結果かつては記録されてもいなかったようなデータが管理運用対象となった。スローンは各特約店に対して、達成すべき業績水準を通知したのである。

[12] Sloan, 前掲 *My Years with General Motors*, p.287.

[13] 同書 p.288.

特約店との関係改善を図る上で、スローンにはまだ二つの問題が残っていた。一つはいかに特約店の定着率を高め、事業拡張のための資金を持たない有能な特約店を支援するか。もう一つはGMと特約店間の契約内容をどのようにして改定、改善してゆくかであった。

一つ目の問題に対する答えは、モーターズ・ホールディングという事業部の設立だった。その役割は、特約店の株式をGMが買うこと、つまり特約店に資金を提供することであった。スローンはこの新しい投資アイディアをこう自慢している。

「運用試験期間を終えた段階で、これこそ流通分野でGMが生み出した最高傑作のアイディアであることに私たちは気づいた」[14]

モーターズ・ホールディングの目的は才能ある経営者を見出し、GM特約店を経営するための資金援助を行うことだった。この調査プロセスは、全国初のフランチャイズ・オーナー探しのシステムと言えるかもしれない。未来の特約店経営者を選ぶには、主観的判断や数字で計れない要素の判断も多く求められるが、決定をする前にできる限り多くの事実を収集し、その内容に信頼を置くスローンの姿勢は、このシステムにおいても健在だった。

GMは資金と経営ノウハウを授け、「利益を上げる」という唯一の目標に向かって継続的な支援と助言を提供する。

スローンの狙いは、成功しているGMのフランチャイズ店を研究した結果明らかになった、最も効率的な手法に沿って特約店を教育することだった。特約店が成功して、GMに売った自らの会社の株式を買い戻して独立することが、各特約店がめざすべきゴールとも言えた。

[14] 同書 p.288.

しかしながら親会社から完全に分離することをためらう店もあった。スローンはこう記している。「モーターズ・ホールディングの支援は高く評価されていたため、モーターズの所有株を全部は引き取ろうとしない特約店もあった」[15]

株式購入という形で個別の特約店の出資者となったGMは、自動車販売業務に対する知識をよりいっそう深めた。モーターズ・ホールディングを通して、スローンは特約店の運営における諸問題を内部からの視線でとらえ理解するようになった。この新たな理解を彼は「……より明確な、特約店の立場に寄り添った問題理解」[16]と呼んだ。実利主義者のスローンは、モーターズ・ホールディングを通して、適切な額の資本を特約店に提供することの重要性を学んだと強調している。

興味深いことに、スローンはモーターズ・ホールディングの投資プログラムを「キャラクターローン」★と呼んだ。スローンはフランチャイズ・オーナーたち起業家に対して、リスクマネーを提供する必要性を強く感じていた。根底には彼ら小規模事業者こそがアメリカ経済の精神の中核をなす人々であるという意識もあったのだろう。そしてフォード(一九五〇)とクライスラー(一九五四)があとを追う形で特約店への類似した融資プランを実施したとき、スローンは自分自身を褒めた。決して自画自賛するタイプではないのだが、モーターズ・ホールディングの元事業部長であったハーバート・M・グールドの言葉を引用し、スローンはこう記した。「ライバル企業から真似をされたら、それがビジネスの世界での勲章だろう」[17]

★ 物的担保ではなく借り手の評判や信用実績にもとづいて実行される融資

[15] Sloan, 前掲 *My Years with General Motors*, p.289.

[16] 同書 p.290.

新しい概念：〝関係者全員の利益〟

特約店との関係改善の仕上げにあたっては、スローンの二大原則――事実を引き出すことと反対意見を奨励すること――が大きな意味を持った。彼は「関係者全員がメリットを享受できる関係以外に興味はない」と述べている。GMと特約店の間で、より良いコミュニケーションを実現する方法を見つける必要があった。全社的なポリシーに関する問題はまだ数多く残っており、具体的な協調行動を取ってゆくためには、特約店とより緊密なコンタクトを取り合い、情報交換をしてゆく必要があるとスローンは認識していた。[18]

コミュニケーション問題に対する革新的な解決策が、一九三四年に開かれた「GM特約店委員会」だった。スローンは数名の特約店オーナーを本社に招いて会議を持てば、お互いの利益になると考えた。第一回目には四八名（後にスローンはより幅広い意見が聞けるように、他のオーナーたちも招いた）が集まり、十二名ずつ四つのパネルに別れた。スローンを含むGM幹部が各パネルに出席した。目的は明快だった。

「委員会の第一の仕事は、特約店との関係改善に向けた全体的なポリシーを作ることだった。これには時間を要した。委員会では方針だけを話し合い、方針の運用面については扱わなかった」[19]

会議の中心テーマは特約店販売契約の検討だった。これは親会社とフランチャイズ・オーナーの間で結ばれる具体的条件を定めたものだ。難しい問題がいくつも俎上に載せられた。契約期間、

[17] 同書 p.290.

[18] 同書 p.291.

[19] 同書 p.291.

業績不振のための契約解消を何日前に通告するか、販売台数の割り当て、一定地域内における特約店の最大数、そして特に重要なことは、オーナーが死亡した場合にフランチャイズ権を家族に相続する権利についてなどだ。

オーナーたちを会議に招待することにより、スローンはGMにも特約店にも、我々は協力し合ってゴールを目指すのだという強いメッセージを送った。彼の考える「関係者全員の利益」というゴールだ。一九三七年の会議でスローンは参加者全員に惜しみない賛辞を送った。「特にこれらの問題に対する各委員会の幅広いアプローチには感銘を受けました。……これらの問題を根本から解決して確かな基盤を作ろうとする一致団結した強い思いには、特に勇気づけられました」[20]

ちなみに、特約店のオーナーたちはスローンに対する心からの感謝の気持ちとして、アルフレッド・P・スローン・ジュニア基金のガン研究施設へ一五二万五〇〇〇ドルの小切手を寄付した。後年、このオーナーたちはGMディーラー・アプリシエーション・ファンド・フォー・キャンサー・アンド・メディカル・リサーチ（がんおよび医療研究のためのGM特約店感謝基金）という名目で惜しみない寄付を続けている。

最後の一筆——仲裁制度

大恐慌から第二次世界大戦にかけての混乱期にGMの売上は大幅に下降し、零細特約店の中

[20] Sloan, 前掲 *My Years with General Motors*, p.292.

には廃業に追い込まれる店もあった。スローンはそのような時期にも特約店との問題を効果的に解決する制度を作っていった。民主主義の原則にのっとり、GMと特約店の双方が意見や提案を行う機会を設けたのである。

そして一九六〇年代初期、特約店との理解を深め合う方法としてGMが最後に行ったのは、退官した判事を外部の仲裁者に任命して、契約上の決定に関する特約店側の抗議を聞いてもらうことだった。

GMを率いていた間に何年間もかけて、スローンは特約店をGM内で積極的な役割を演じる参加者の立場にまで高めた。彼は特約店にデータ、ローン、アドバイス、そして委員会までをも与えた。特約店に関するGMの決定は、どれ一つとして恣意的であったり個人的理由にもとづいて行われたりすることはなかった。判断の基準は常に事実であり、とりわけ財務状況が重要視された。

経営学の師ピーター・ドラッカーは、スローンが作ったGMの特約店システムを非凡かつ革新的なものと賞賛している。GMが問題解決に用いた原則、すなわち連邦制度と紛争の調和的解決の手法は、「アメリカ経済の他の分野においても、今後取り組まれるべきモデルを提示しているといって良いだろう」と記している。[21]

[21] Drucker, 前掲 *Concept of the Corporation*, p.114.

補記――近年の変化

一九八〇年代、自動車消費者調査がアメリカ人なら誰でも知っている事実を明らかにした――全米の消費者が新車を買う際の販売店との交渉を心から嫌っていた。販売店の店員は、騙されやすく、他に選択肢を持たない一般大衆から不当かつ莫大な利益をむしりとる詐欺師であると思われていた。

そのような考えは誤りであったが、店側もあえて反論してこなかった。近所の自動車販売店でどんなひどい目に会ったかという話は、漫談や漫画、映画やテレビ番組でさまざまに取り上げられている。アメリカ中で新車を買うという行為は苦痛を伴う行事として認知され、この不快なプロセスを放置している販売店、店員、そして自動車メーカーに対する反感は高まっていく一方であった。

事実は異なっていた。販売店の利益率は五～一〇%で、これはショールームと、たくさんの在庫を抱えるために必要な多額の設備投資を考えるとむしろ低いと言える。誰も言わなかったことだが、販売店は車の販売そのものよりも、ローンや保険、またはアフターサービスや部品の販売からより大きな利益を得ていた。

販売店に対する嫌悪感がここまで全国的に広がった背景には何があるのだろうか。根本原因は何だろうか。

理由は販売店そのものには何の関わりもなく、全面的に三大自動車メーカーの責任だった。

第二次世界大戦後、三大メーカーは特約店の数を増やしすぎたため、地域によっては市場が飽和状態に陥った。東北部でも中西部でも大規模な人口密集地には同じ車種を扱う特約店が次々にオープンした。南西部と西部においてはそこまでの急増は見られなかったが、新車購入にまつわるおきまりの不快な経験は全国的に広がっていった。

一定の地域内で競争する特約店が増えれば、各店が一セントでも利益を上げようとするのは当然だった。近隣にあらゆるメーカーのあらゆるモデルを売るライバル店がいくつもある中では、たくさんの車を売って利益を出すことができないため、特約店は一台ずつの販売からきっちり利益をあげようとする。そのため、店は常に価格交渉を行うようになったというわけだ。

そこへ日本の自動車メーカーが参入してきた。彼らはビッグ・スリーによる市場の飽和状態を研究してきた。日本メーカーはアメリカ人が新車購入の際の価格交渉を嫌がっていることを理解していた。トヨタ、日産、ホンダ各社は、新車価格を固定とし、一切の値引きをしないことにした。価格がはっきりしていれば消費者はその額を払う。日本人の感覚では、車というものはデパートで買う衣服や家電製品と同じく定価販売されるものであり、交渉によって額が変わるものではなかった。

さらに日本メーカーは、特約店同士が同じ客を争わずに済むよう、一店舗当たりにより広い範囲の営業担当区域を割り当てた。分散して配置するのはメーカー内での共食いを避けるためでもある。十分な広さを与えられた特約店オーナーたちは、販売とサービスに専念し、面倒な価格交渉や、同じ車種を扱う近隣のディーラーに煩わされることはなかった（今日、シボレーの特約店は全米で約五〇〇〇店にのぼるが、トヨタの特約店は一二〇〇軒である）。

だが今日では、外国車と国産車それぞれの場合において、定価のうちいくらが特約店からメーカーに支払われるのか、アメリカ人は知るようになった。インターネットでは、メーカーから店に対するインボイス価格、（販売のための）整備費用、販売店までの輸送費などを含む定価情報を手に入れることができる。特約店と値引き交渉したいかどうか、消費者が決められるようになったのである。

数年前、現存のビジネスから新たな利益を上げる方法を模索していた投資銀行が、旧態依然とした自動車販売のフランチャイズ事業に目をつけた。ウォールストリートの関心を引いたのは、一〇〇台の車を売る特約店と一〇〇〇台の車を売る特約店がメーカーに支払う一台当たりの金額が同じだという異常な事実だった。国内外問わず自動車メーカーの販売価格には大口割引の制度がなかった。

メガ自動車ディーラーという画期的なアイディアは、もっと多くの車を販売できれば、メーカーに対して大幅な値引きを交渉できるだろうという発想から生まれた。値引きを受けられればメガディーラーはより安い価格で消費者に車を販売できる。薄い利幅も大量販売によってカバーできるだろう。いわばウォルマート版自動車販売店を作ることが目標だった。

この過激なアイディアから生まれたのが、オート・ネーション、ユナイテッド・オート・グループ、ソニックなどのスーパーサイズの販売店だ。これらの新興巨大企業は株も発行している。しかし株価を見るかぎりでは結果は玉石混交だ。

売上がもう一つ冴えない理由は、巨大ディーラーがメーカーに大口割引の圧力を掛けられるほど大勢の顧客を引き付けられていないことにある。さらにメーカーは、一つのディーラーによる市場の占有を防ぐため、一つの営業区域内におけるディーラーの統合を制限し始めた。スーパーディーラーは登場したものの、今のところ購入価格に大きく差をつけるまでには至っていない。

スローンの教え「共通の利益」

たいていの会社は自動車業界や保険業界のような特約店システムは持たず、流通制度に依存している。しかしながら特約店との関係改善方法の中には、流通チャネル改善のヒントになるものもある。

現場に出る

列車に乗って全国の特約店を訪ねて回った結果、スローンは特約店のオーナーたちがどういう人々で、何を必要とし、具体的にどのような問題を抱えているか初めて理解できた。現場のフランチャイズ・オーナーとの一対一のやりとりの中から、新しい制度を作ることができたのだ。

多くの会社が採用している方法として、販売現場に本社スタッフを――多くの場合、隠密で――送り込み、実際の顧客がするであろう体験を通して情報収集するというものがある。この種の覆面取材は顧客関連の問題領域を特定する上で有益だ。

全体を底上げする

もう一つの良い方法は、電話による調査や、現場での面接で得られた情報を販売ネットワーク全体で共有することだ。他店よりも成績の良い店がどんな方法で成功しているのか知ることは役に立つ。

従業員採用、在庫システム、販売特有の問題を理解する努力をせずに、販売店や流通網に関する不満をもらす会社は多い。会社が世の中で実績のある方法やシステムを調査・研究し、深い自社分析のあと実行を試みれば、販売店の業績も上向くはずである。

スローンはメーカーと特約店の関係について次のように率直に認めている。資金不足だった初期の頃、自動車メーカーは顧客に対する販売についてフランチャイズシステムに頼るより他に選択肢はなかった。メーカー自身がフランチャイズを所有し、サービスを提供できれば、もっと好都合であったろう。しかしスローンはメーカーが特約店ネットワークに依存していることもよく分かっていた。

「一九二七年には、GMと特約店の新たな関係が始まった。その土台にはメーカーと特約店は共通の利益で結ばれており、互いにその利益に依存しているという認識があった」[22]

[22] Sloan, 前掲 *My Years with General Motors*, p.284.

第10章

企業イメージを高める

　経営委員会、購入委員会、財務委員会などを設置して、円滑な社内運営システムの確立に成功したスローンは、次に企業広告委員会を設置した。ここからアメリカ史上、最大の成功をおさめた企業広告が始まる。一九二二年に広告を始めるまで、ゼネラル・モーターズという社名の知名度はゼロに等しかった。それが十年と経たないうちに、アメリカで最も尊敬され、信頼される社名となり、米国の紋章に用いられている白頭ワシと同じくらい、アメリカという国の美徳と力を表すシンボルとして崇められるようになったのだ。

　一九二〇年代のアメリカは、コンシューマリズムが台頭し、国中が繁栄に湧いていた。ＧＭは、自らを最高の業績を誇る自動車メーカーとして位置づけることにより、ダイナミックなアメリカ人気質を味方につけたいと考えた。広告活動の目的は、ばらばらの自動車事業部を一つにまとめ、ゼネラル・モーターズという一つの企業として認知させることだった。スローンはこの問題を次のように認識していた。

「社内統一に向けた次なる重要なステップは広告だった。一九二二年に行った消費者調査によると、ウォール街とブロード街界隈以外では、GMはまるで知られていないという結果が出ていた」[1]

いつもの手法でスローンは仕事を進めた。まず問題をはっきりさせる（会社レベルで認知されていない）。そして問題の深さを測るために調査を依頼する（消費者はGMについて知っているか？　もし知っていれば、どのようなイメージを持っているか？）。そして最後に解決方法を見つける。

一九二〇年代のアメリカ企業において、会社を宣伝するというのはとりたてて奇抜なアイディアではなかった。プルマン・カー・カンパニーやA T & Tのような大企業は、企業としての信頼を高める宣伝活動を既に実施していた。

特に記憶に残るものとしては、メトロポリタン生命保険会社による一連の印刷広告で、健康関連の情報や家族の団欒をテーマにしたものだ。中には、「我が家か施設か」という見出しの下に、ベッドに腰掛けた寄る辺のない老人の姿が描かれているものがある。コピーには孤独な境遇に生きる老人たちのみじめな状況が綴られている。

注目すべきはその広告の下のほうにメトロポリタン・ライフという社名に続いて次のようなキャッチコピーが添えられていることだ。「世界最大。資産額、保険契約者数、保険契約高、

[1] Sloan, 前掲 *My Years with General Motors*, p.104.

新規保険加入者共に毎年増え続けています」。八十年前の広告であることを差し引いても、ずい分と冗長なキャッチコピーだ。同社が現在使っているすっきりとしたキャッチコピー「今日、生命に会いましたか？」とは雲泥の差である。

ブルース・バートン——スローンが一任した人物

スローンが下した数々のすばらしい経営判断は、入念に形作られたピラミッドの一群のようだ。底辺は彼の思考の幅の広さを表し、高さは調査研究のレベルを表し、頂点の小さな三角形にはそのポリシーを実践するために選ばれた人々が鎮座する。研究ピラミッドにはケッタリング、財務ピラミッドにはラスコブとブラウン、シボレー製造ピラミッドにはクヌドセン、そしてスタイリングピラミッドにはハーリー・アールという具合だ。

スローンに必要なのは、GMの企業広告を一任できる優秀で才能ある人物だった。そしてその選択によって、彼が仕事を成功させる人物を本能的に選び出す名人であることが再び証明された。スローンが選んだのはアマースト・カレッジ出身で牧師を父親に持つ自信に溢れたコピーライター、ブルース・バートン（Bruce Barton）だった。彼は一九一九年にロイ・ダースティン（Roy Durstine）、アレックス・オズボーン（Alex Osborn）と共に広告代理店を設立した。全員の名字の頭文字を取って、社名をＢＤＯとした（一九二八年にジョージ・バッテン——George Batten——が加わって、かの有名な広告代理店ＢＢＤＯの誕生となる）。

バートンは的確な言葉によって商品や会社にポジティブな人間性を持たせる広告作りで一躍有名になった。彼の最初の仕事にその天才振りが現れている。P・P・コリエ社は『アイネイアス』、『ドン・キホーテ』、その他英詩や米詩など、古典や哲学の全五十作品を含む『ハーバード・クラシックス』という文学選集を出版した。しかしコリエ社の期待に反して売れ行きは伸びなかった。ところがバートンがつけた広告見出し──「これが死に赴くマリー・アントワネットである」──によって状況は一変した。コピーには、有名な古典に親しんでおけばどのように人生に役立つかが説明されている。この広告以降、『ハーバード・クラシックス』選集は四〇〇万セットを売り上げた。

第一次世界大戦時に救世軍のためにあの有名なスローガンを作ったのもバートンだった。「男は倒れるかもしれない。しかし彼は決して力尽きはしない」。戦時中のバートンの最高傑作は、ニューヨーカーに向けた戦時国債の広告キャンペーンだった。この広告はマンハッタンに住んでいたスローンの目にも留まったに違いない。「私はニューヨーク。これが私の信念だ」というコピーによって、バートンはこの巨大都市に人格を与えた。スローンの伝記を書いたディヴィッド・ファーバーはこう記している。

「(バートンの)広告の意図は、ニューヨーカーに自分たちがいかに気高い街に住んでいるかを強く認識させることによって彼らの気持ちを高揚させ、戦時公債を購入する行動へと駆り立てることだった」[2]

バートンは自信と熱意に溢れる人物だが、決して自分の仕事を強引に売り込もうとはしな

[2] Farber, 前掲 Sloan Rules, p.71.

かった。彼は掛け値なく自分自身と自分のコピーに自信を持っていたのだ。彼は、GMに人間的なイメージを持たせることによって、最終的にはGMをアメリカ家族のシンボルにまで高めることを目指した。そしてその過程で、バートンは人々の記憶に残る多くの言葉を残した。「子どもに一つだけ贈り物をするなら、情熱を贈ろう」、「景気が良いと、誰もが広告を出したがる。景気が悪いと、誰もが広告を出さざるをえない」などである。

GMの企業イメージに新たな息吹を吹き込んでもらうため、スローンは一九二二年、バートンの事務所に広告を依頼した。スローンの伝記著者はこう書いている。

「バートンは熱意の塊であり、〈なせば成る〉の精神でぶつかって行く、熱いクリエイティビティーを持った信頼に値する人物であるとスローンは理解していた」[3]

そのような資質こそまさに、スローンが求めたものだった。

スローンの考え方——企業広告とは何か

一九二二年の時点で、GMの市場占有率はフォードに比べてかなり低かった。GMは五つの自動車事業部、トラック事業部、一二以上の付属品・部品会社で構成されており、一般の人にとっては、ほとんど、もしくは何のイメージも湧かない企業だった。消費者はビュイック、キャデラック、オールズモビルなどの車にそれぞれ独立したブランドとして長年親しんでいたため、それらがGMという一つの会社によって統轄されているとは思っていなかった。それゆえに、一つ目の

[3] 同書 p.70.

課題は前述のように、消費者に「GM」に対してのポジティブなイメージを抱いてもらうことにあったのである。

BDOに課せられたもう一つの課題は、より内向きのものであった。つまり、GM傘下の自動車会社や子会社に、本社を中心とする企業体に対する帰属意識を持たせることであった。ウィリアム・デュラント社長時代には、それぞれの自動車会社は完全な裁量権を持った一個の企業だった。そのためスローンが事業部制を取り入れた当初には抵抗が生じたし、一九二三年になってもなお事業部同士の連携は不足していた。

さらに、GMの本社はマンハッタンにあったが、事業部や関係会社の多くは中西部に工場を持ち、中西部の風土に根ざした企業文化を持っていた。彼らからすれば、「外国」に意思決定権を握られているように感じたに違いない。また、暫定的に社長となったピエール・デュポンは裕福な名門家庭の出身者だったし、彼の後継者であるスローンは東海岸で生まれ育ったMIT出身者だった。そんな彼らに対しても、多少の反感があったものと思われる。

スローンが部品事業の出身であること、子会社から移籍してきたこと、そして車軸の油にまみれた手をして、ミシガンの自動車製造業界の階段を一歩一歩登りつめてきたわけではないことを、自動車業界の者なら誰でも知っていた。オールズやドッジ、クライスラーが作った車は存在するが、それと同列をなしうる「スローンの車」というものはしょせん存在しないのだ。

バートンには二つの困難な任務が課せられた。一つは消費者向けにポジティブな企業イメージを抱かせる宣伝活動を行うこと。もう一つはGMの従業員向けに、熱意とプライドを持たせる広告活動を行うこと。バートンはマンハッタンでスローンと打ち合わせを重ね、また彼と共に頻繁にデトロイトを訪れた。そこで従業員と何度も面接を行い、彼らの士気のレベルを確認したり、会社に対する姿勢に関連して、彼らの心を動かすきっかけを捉えようと努めた。

異例ではあったが、BDOは消費者向けの広告活動に先立って、社内に向けて広告活動を行った。BDOはパンフレットを印刷して事業部の幹部全員に配布した。

特約店の一番目立つ場所に貼られる予定のジャンボサイズのポスターも配られた。ポスターには、偉大なアメリカ企業が技術の向上と効率的な生産性を通じて発展を遂げるさまを紹介する文章が添えられている。他の社内配布物では、消費者向けに展開予定の、GMを一つの「家族」になぞらえた広告も先行して紹介された。

そしてBDOは、GMの従業員に面白いエピソードを紹介してくれるよう依頼した。GMのメタファーである「家族」というテーマを、GMと消費者の体験談で彩りたいと考えたのだ。このように消費者の経験に関する実話を社内で聞いて回るという手法は、この時代にしては新しい試みだった。彼らの目標は、GM車の性能にまつわる面白いストーリーや、GM車を運転していたおかげで人生が良い方向へ導かれたというようなストーリーを見つけることだった。

最初に作られた見開き広告は、馬にまたがり豊かなアメリカの田園風景を見渡すジョージ・ワシントンの絵だった。このストーリーには「国中と近所づきあいをしよう」というタイトルがついていた。ワシントンは分離している十三州の統一を目標に掲げて旅に出る。（十三州はGMのたくさんの事業部、国家統一は一つの家族としてのGMを表している）。コピーにはこうある。「ジョージ・

ワシントンは彼方まではっきりと見通していた。共和国の最大の敵は〈距離〉であることを」

広告の右上には近代的な家の前にシボレーが停まっている。建国の父の偉大さとGM社製シボレーの信頼性を重ね合わせたストーリー作りだ。コピーの終わりにはシボレーのおなじみのボウタイのロゴがついている。

最も重要なのは、社名「ゼネラル・モーターズ（GENERAL MOTERS）」がすべて大文字で、各ページの下部に配されていたことだ。社名がページの縦寸法の一五％近くを占めていて、大きさとしてはシボレーのロゴの約三倍ある。覚えるべき名前は「ゼネラル・モーターズ」であることを読者に示している。

この広告には過去との重大な決別も含まれていた。なぜなら広告上では「コーポレーション」という語が省かれたからだ。確かに、「ゼネラル・モーターズ」だけのほうが、名称としてもイメージとしてもより親しみが持てる。

他にも同じテーマで見開き広告が展開された。片方のページにはピクニックへ行く家族が列車を待っているところが描かれている。そして見出しには「この家族だってもう車が買えるのに」とある。待つという行為のネガティブな側面を強調するために、明らかに待ちくたびれて元気がなくなったふくれ面の少年が地面に座り込んでいる。もう片方のページには既にピクニックテーブルを囲んで食事を始めている家族が描かれている。列車を待つという問題から開放された家族にはこんな見出しがついている。「みんなが人生を大いに楽しんでいる。だってこの家族にはゼネラル・モーターズの車があるから」。

ＢＤＯがＧＭの従業員から一人称形式の物語を寄せられたり、顧客からＧＭの車に乗って遭遇した経験談をしたためた手紙を寄せられたりするようになってからも、家族というテーマは続いた。中には緊急時にＧＭ車のおかげで助かったことを生き生きと描いた話もあった。

山のように寄せられた手紙の中から厳選して、ＢＤＯは利他的な行為や英雄的な行為にＧＭ車が役立ったシーンを描いた心温まる広告を制作した。ある広告では、田舎の医者がＧＭ車のおかげで死の淵にあった子どもを救う。「お医者さまが間に合いますように」という見出しがあり、左上には激しい嵐の中を突き進む車が描かれている。そして右ページ全体を使って、医者と、ベッドで眠る少女、そして感謝の眼差しで医者を見つめる母親が美しく描かれている。コピーの書き出しはこうだ。「夜、緊急の電話があった」。

ＧＭの広告に胸を打たれない人はなかった。ある一人称を使った広告は一人の聖職者の旅を題材にしていた。「信仰の目を通して」と題されたこの広告コピーは「聖職者の方々から頂いた数百通にのぼる手紙の中から、一つだけご紹介させていただきます」と始まり、ＧＭ車のおかげで遠く離れた村にまで赴いて務めを果たせるようになったことを喜ぶ聖職者の話が語られている。

家族というテーマは、消費者に対しても従業員に対しても成功をおさめた。この手の広告は、後に世間一般の認識に影響を与える広い意味での企業広告を指すものとして「グッドウィル広告」と呼ばれるようになる。少なくともＧＭの場合、その第一目的は自動車を売ることではなく、ソフトセル手法★によって会社全体の信用向上を図ることだ。そして社内外の宣伝活動によって

★ イメージ中心の訴求

その目標は達成された。

「GMファミリー」キャンペーン

GMは「あらゆる目的に応じたあらゆる価格帯の車」を提供するべきだというのがスローンの考えだった。国全体が豊かになり始めた一九二〇年代、消費者が黒いオープンカーのT型フォード以外の車を求めていることに気づくと、GMは五つのモデル同士の差別化を図る必要性に迫られた。一つひとつの事業部が異なるスタイル、エンジンサイズ、車台を持つ車を提供しているのだということを世間に知ってもらう必要があった。

スローンは「ある有名な家族に関する話」と銘打った広告キャンペーンの成功度を図るようGMの調査部に指示を出した。これは多くの広告に共通に使われたキャッチコピーだった。調査の結果、消費者の反応は好意的だった。その結果を受けて、スローンは「GMファミリー」傘下のさまざまな車をPRする時期が来たと判断した。

まずGMとBDOは、各事業部の広告と「家族」をテーマにした企業広告を抱き合わせて展開した。バートンは、会社自体に一つの長所（思いやりある、親切な、愛国心あふれる、信頼に足る、等々）を付与することができるなら、各モデルにも独自の個性を持たせることが可能なはずだと考えた。

たとえばオールズモビルの広告には、二台のオールズモビルがニューヨークからオレゴン州ポートランドまでのスピードを競うため、一九〇五年に行われた伝説の全国横断レースのストーリーを利用した。「オールズモビルがGMにもたらしたもの」と派手な見出しがついている。レースの勝者〈オールド・スカウト〉は四十五日間で全行程を完走した。大陸横断というGM車の偉業は、一八四〇年代にコネストーガワゴン★を駆ってオレゴン街道を西へひた走った開拓者たち家族のエネルギー溢れる精神とGMとを結び付けた。この広告コピーはオールズモビルとGMの絆をいっそう強めた。オールズモビルはGMに開拓者の勇気をもたらしたのだ。

ポンティアックの成功

一九二〇年代半ば、GMのラインナップにあるギャップを埋めるためには、六気筒エンジンでスムーズに走れるクローズドボディ（有蓋型）で、大量生産可能な低価格車を製造する必要があると、スローンは気づいた。しかし、四気筒の標準シボレーよりも、馬力があってスタイリング面も優れているのだから、シボレーよりも価格を安くすることはできない。オークランド事業部のゼネラルマネジャーが、オークランドの下位モデルとしてその新車を造らせてほしいと申し出た。

一九二二年のオークランドの広告は「オークランドの後ろにある会社」というコピーでGMを描いたものだった。すべての広告の下部には、ゼネラル・モーターズという社名が太字で配されていた。

★　西部への移住者が用いた大型の幌馬車

四年後の一九二六年、GMはオークランド事業部が完成した新車を、その車が作られたミシガン州の町の名をとって〈ポンティアック〉という名前で発表することにした。その名前は、オタワ族インディアンの偉大な酋長を想起させた。ポンティアック酋長は四つのインディアンの国を一つに束ねて強大な連合軍を作り、皮肉にもデトロイトを攻撃した人物だった。

六気筒のポンティアックの最初のモデルは、一九二六年にニューヨーク市で行われたオートショーで発表され、「六部族の長」として紹介された。これがポンティアックと、歴史に名を刻んだ酋長との関連づけの始まりで、後にはインディアンの頭部をデザイン化したロゴにも発展する。ポンティアックの広告では、オールズモビルのオールド・スカウトをアメリカ史における一つのシンボルとして扱ったのと同じような形で、ポンティアック酋長の名が使われた。またアメリカの歴史文化を題材にしてGMファミリーを物語るというコンセプトにも沿ったものになっていた。

ポンティアックの最初のモデルの広告では「十七年間にわたるGMの経験を注ぎ込んだ車」であることが大いに喧伝された。新モデルは大成功を収めた。アメリカ自動車メーカーとしての地位を確立し、世間に認知されたGMという企業のお墨付きを得た車としてポンティアックを世に出したことが、売上に大きく貢献したと多くの人が見ていた。一九三二年にオークランドという名称は廃止され、それ以降、事業部の名称はポンティアックに一本化された。

オークランド事業部の販売台数は一九二五年の四万四六四二台から翌年には一三万三六〇四台に跳ね上がった。これはGMの五つの事業部の中でも最大の伸び率を示している。そして一九二八年にはビュイックから二位の座を奪って、二四万四五八四台を売り上げた。三年間でオークランド／ポンティアックモデルは二〇万台も売上を伸ばしたことになる。この驚異的な売上増は、新型のクローズド・ボディの車台に負うところが大きいが、「GMファミリー」としての広告や個々のモデルに対する宣伝活動の成功に負うところも大きいといえよう。

他の事業部への展開

スローンは「家族」をテーマにした広告が世間にうまく受け入れられたことに自信を深め、同じ手法をフリジデア冷蔵庫にも使用する承認を与えた。一九二七年の広告には「GMが製造し、品質を保証する唯一の電気冷蔵庫」と誇らしげに謳われている。そしてもう一つの見開き広告には「キッチンの中の自動車」という少々風変わりな見出しがついている。左ページにはフリジデア冷蔵庫から食品を取り出す人々が描かれていて、右ページには男性客を玄関に出迎える女性と、彼が乗ってきたと思しき車が開いた扉の向こうに描かれている。コピーには「GMは電気冷蔵庫の市場が自動車の市場と同じくらい大きいことに早くから気づいていました」とある。ここでも「ゼネラル・モーターズ」という大きな文字が見開きページにまたがって記されている。

「ある有名な家族に関する話」のシリーズでは、GMの研究部門であるリサーチ・ラボラトリーズの広告も作成された。見出しには「昼も夜もデイトンでは」とあり、車に操作上や機械上の問題がないか調べるため、GMの研究所では一日二十四時間、走行試験を行っていることが紹介されている。

フィッシャー・ボディまでが独自の広告を作ってもらった。滝のような土砂降りの中、五番街の洒落たビルの前でドアマンが差しかけた大きな傘の中に、女性がすっぽりと入って立っている。見出しは「一級品の証」。つまりフィッシャー・ボディのクローズド・カーは、献身的なドアマンと同じように乗客を雨から守ってくれるという意味だ。そしてあの有名なフィッシャーのマークであるフランス製の大型四輪馬車が、小さな四角の中に描かれている。

なお、フィッシャー兄弟は、職人技で作られていた時代の車台とのつながりを表すために、ナポレオン時代の優美な大型四輪馬車をロゴマークに使用していた。その馬車は実際には二つの馬車を組み合わせたものだった。一つはナポレオンの戴冠式に使用されたもの。もう一つはオーストリア皇女マリー・ルイーズとの婚礼の際に使用されたものだ。

GM企業広告がもたらしたもの

一九二三年、GMがアメリカ自動車業界のトップに躍り出るときが来た。その背景には二つの大きな理由があった。一つは、幅広く魅力あるモデルと価格の車を提供しようというスローンの決断。もう一つは、ヘンリー・フォードが一車種一色以外の車を製造しようとしなかったことだ。しかしGMを成功に導いた三つ目の理由は、ブルース・バートン率いるBDOがGM

と各事業部のため家族をテーマに制作した革新的な企業広告にあったとも言えるだろう。

激動の一九二〇年代が閉じようとする頃には、アメリカ人はGMに対して新しく、ポジティブなイメージを抱くようになった。本社の権限を強化して全社的な統一を図ろうというスローンの目標は、広告の分野においても成功を収めたのだ。十分に練られ、首尾よく実行された宣伝活動には効果があることを、GMの企業広告は証明した。BDOが制作したアメリカ家族のストーリーに込められたメッセージはあらゆるアメリカ人の心に届いた。

見過ごされがちなことだが、GMの従業員に生じた変化も大きかった。ばらばらに運営されていた事業部にまとまりが生まれてきたことで、スローンを始めとする経営陣は自信を持って、事業部をまたいだ共通の課題、たとえば製造やマーケティングに関して個々の決断を下せるようになった。スローンはこう述べている。

「ポリシーに従って進めれば、予見できなかったことが起きてもうまく収まるようになった」[4]

事例❶ゼネラル・エレクトリック：おなじみのロゴ

ゼネラル・モーターズ（GM）とゼネラル・エレクトリック（GE）には二十世紀を通じてさまざまな共通点がある。まず両社の社名とも「ゼネラル」がつくし、どちらも頭文字二文字（GMおよびGE）で認識されていて、それぞれの産業において市場を支配する存在だ。さらに両社とも、本体に資金を注ぎ込んでくれる金融部門（GMACおよびGEキャピタル）を擁している。

[4] Sloan, 前掲 *My Years with General Motors*, p.165.

スローンのアメリカ企業経営における傑出した才能を確かに受け継いだ人物として、ＧＥの前ＣＥＯジャック・ウェルチを挙げれば、共通点のリストはさらに長くなるだろう。

しかし両社の共通点はそれだけではない。ＧＥは一九二〇年代に企業広告に乗り出し、両社は、同じ時期にブルース・バートン率いる同じ代理店ＢＤＯを使って企業広告を展開したのである。

一九二〇年代のＧＥは、主にタービンやモーターなど産業用重電機器のメーカーとして知られていた。電球や扇風機は一般消費者を対象とした数少ない製品だった。幅広い公共施設や鉄道会社を顧客としているわけだから、理論上は一般消費者を対象にＰＲを行う必要はなかった。一般の人がＧＥと聞いて思い出すのは――思い出すことがあったとしたらの話だが――同社が一八九二年にトーマス・エジソンによって設立されたということくらいだった。

一九二二年、二人の幹部オーエン・ヤングとジェラード・スウォウプが、保守的なＣＥＯチャールズ・コフィンからＧＥの経営を受け継いだ。ヤングはボストン大学出身で、仲裁と交渉を専門とする弁護士だった。彼は電気製品メーカーＲＣＡ社の設立に関わった。スローンとＭＩＴで同級生だったスウォウプは、ＧＥの子会社ウェスタン・エレクトリック社の取締役だった（なお、後にスローンとスウォウプは母校ＭＩＴの顧問として授業内容の監修に当たった）。

オーウェンとスウォウプはコンシューマリズムの新時代について、独特で進歩的なビジョンを持っていた。まずやるべきことは、ＧＥに対する世間の認知度を高めること、そして多種多様な製造子会社を融合して一つの組織にまとめることだった。ＧＥは一〇〇％子会社を数多く持っていて、それぞれが独自のブランド名や会社名で商品を販売していた。子会社の多くは、親会社であるGEや、エジソンの歴史、GEの商標には何の関連づけも行っていなかったし、そのメリットを享受することもなかった。

スウォウプは家電製品の生産を増やしたいという短期的な計画を持っていた。来たる一九二〇年代は新たな繁栄の時代であり、ラジオ、ランプ、トースターその他の家電製品に対する需要が急激に伸びるだろう、そのとき、需要に応えられるポジションにGEを置いておきたい、と彼は考えていた。消費者向けの商品を製造する会社としてGEを一新することは可能だったが、その際には消費者に良い企業イメージを持ってもらう必要があった。

ブルース・バートンがGEの課題を検討したところ、表面上はGMと似ているように見受けられた。両社とも一般消費者のレベルにおいてプラスのイメージやはっきりしたイメージを持っていない。むしろ平均的なアメリカ人労働者には冷淡な大企業というネガティブなイメージがあった。また両社とも従業員の士気が低く、たくさんの事業部を一つにまとめる必要性があった。

バートンは、GMで成功を収めた手法がGEにも当てはまるに違いないと考えた。つまり企業広告によって、会社としての大きな目的と存在理由を示すのだ。対外的な宣伝活動において大切なことは、GEのあらゆる広告にもっと目立つロゴを配することだった。「GE」というイニシャルの方が、「ゼネラル・エレクトリック・カンパニー」という冷たい感じのする社名よりも、友好的な雰囲気があるだろうという決断が下された。これもGMの広告の際、「ゼネラル・モーターズ・コーポレーション」という社名から「コーポレーション」を外した経緯と似ている。ＧＥの正式社名についていた「カンパニー」も、暖かく親しみを感じさせるイメージを作る上で妨げになると判断されたのだ。

　ＢＤＯが制作した初期の広告には、ページの上のほうにかなりの大きさでＧＥの丸いロゴが配されている。見出しには「友人のイニシャル」とだけ記されている。広告コピーの第一パラグラフの導入はこうだ。「電気で動くたくさんの道具に、これらの文字を見つけることでしょう」そして二つの短いパラグラフのあとに、コピーはこう結ばれている。「ですからＧとＥの文字には商標以上の意味があります。それはサービスの証であり、友人のイニシャルなのです」バートンはＧＭの広告においては「家族」というモチーフを使って、ポジティブなイメージ作りを達成した。ＧＥにおいては同じことを「友人」というモチーフで成し遂げようというわけだ。

　ＧＥのイニシャルがあらゆる広告に目立つかたちで登場したのと時を同じくして、子会社のあらゆる製品にもそのロゴマークが使われるようになった。こうしてＧＥという文字のロゴは至るところに見られるようになった。バートン率いるＢＤＯは、ＧＥのさまざまな事業部が発行していたニュースレターにも広告を印刷した。その意味は明快だった。つまりエジソン・ランプ・カンパニーで働く従業員に対し、あなたの本当の雇用主はＧＥなのだと知らせるのだ。バートンはＧＥに対し、「会社全体がもっと強く広告を意識する」ようアドバイスを与えた。

　ちなみに、ＧＥのイニシャルロゴがどのようにして生まれたかという記録は残っていない。ニューヨーク州東部のスケネクタディ市というＧＥ発祥の地にあるスケネクタディ美術館に保管されている文書によれば、このロゴが最初に登場したのは、一八九八年に発売された卓上扇風機の円い飾り模様として使われたのが最初だという。ただし作者は不詳である。何人かの歴史家は、これと似たマークが数世紀前に中国で戦争の際の記章として使われていたことを指摘している。

ＧＭとＧＥの広告は、コピーや見出しを少しいじれば取り替えられるほど似ていた。ＧＭという国家を統一するためのジョージ・ワシントンの旅は、そのままＧＥの子会社に置き換えることができた。またＧＥの子会社もＧＭの場合と同様に、販売や広告に関して手にしていたコントロールを親会社に返上することについて、当初は不満を抱いた。さらに「友人」と「家族」も交換可能なテーマだった。

しかしバートンが社外向けに作った広告においては違いもあった。オーウェンとスウォウプが、スローンやＧＭの取締役会にはなかった非常に強い社会意識を持っていたことによる。スウォウプはシカゴにあるかの有名なジェーン・アダムスのハル・ハウスという社会福祉施設の所長を一年間務めたことがあった。オーウェンは第一次大戦後にドイツの賠償金を決定する委員会の一員として働いたことがあった。二人とも労働者の安全に真摯に配慮し、従業員プログラムの開発に取り組んだ。彼らの革命的ともいえる社会福祉プランの中には、フランクリン・ルーズベルト大統領のニューディール政策に取り入れられたものもある。

依頼主が強く持つ社会意識さえもブルース・バートンはきちんと広告に織り込める力量を有していた。ＧＭのときに医者や牧師のイラストを使ったドラマチックな広告スタイルを使って、ＧＭにおいてもバートンは見る者をはっとさせるような一ページ広告を作った。見出しには「小さな電気モーターがあればできるようなことをしている女性は、時給三セントの仕事をしているのと同じだ！」とある。イラストでは、洗い場で前かがみになっている女性の向こうの壁に、三倍の大きさに膨らんだ、うなだれた女性の影が黒々と投影されている。コピーには「憂鬱な家事の中で、電気が何かしらお役に立てないような仕事はほとんどありません」とある。電力と、ＧＥが製造する時間を節約できる家電製品があれば、アメリカは主婦や母親たちを解放してあげられるというメッセージだ。

ＧＥの社内外に向けた広告は成功と評価された。社の未来は成長する消費財分野にかかっているというスウォウプのビジョンに沿って、ＧＥは一九二〇年代を通じて冷蔵庫やラジオなどの新たな家電製品を販売してゆく。すべてのＧＥ製品にはおなじみのロゴが入っている。広告は会社を団結させた。それからの八十年間、ＧＥは信用度を高める企業広告を継続し、企業イメージの一層の向上を図ってきた。

「私たちは暮らしに良いものをもたらします」というＧＥの広告は、ＧＭのそれと同様、企業広告として最高の成功を収めたものの一つに挙げられる。

事例❷ナイキ：Just Do It!

多種類の関連商品を販売する会社の場合、会社全体にメリットもたらすような幅広い広告メッセージを作ると有利なケースがある。外見上は企業広告と似通っているが、主目的は売上を伸ばすことであって、企業イメージの向上ではない。

一九六二年にスタートした当時は決して幸運とはいえなかったものの、それ以降、ナイキはスポーツ用品業界のリーダーとして君臨している（ナイキという名前はギリシャ神話の勝利の女神ニケに由来している）。陸上とバスケットボールのシューズにおいて、同社は圧倒的な支配を誇る。ナイキのバスケットシューズがこれほどまで市場を席巻したのは、シカゴ・ブルズのスター選手だったマイケル・ジョーダンとの関係が大きかった。ナイキといえばスポーツ用品であり、ターゲットである最もスニーカーを購入するセグメント、すなわち十三～十八歳の若い男性に忠実な支持基盤を持っている。

おなじみの「スウッシュ」のロゴは、スポーツを通して得られる達成感を愛する気持ちと革新を表すシンボルとなった。十代の少年は、プロバスケットのスター選手になることはできなくても、エア・ジョーダンを履いてゴールを決めたその瞬間、ヒーローと一つになれる。二人ともナイキのシューズを履いているのだ。

ナイキは一九八八年から始まった「ジャスト・ドゥ・イット」を中心テーマとするコマーシャルによって、同社のさまざまな事業部を上手にまとめ、各事業部の垣根を越えた企業広告およびPRキャンペーンを展開して収益を上げている。ナイキは、陸上やバスケットボール用のフットウェアなどの各ブランドをそれぞれの専門誌において個々に宣伝しているだけではない。同社は現在の事業のみならず、未来の事業までもすっぽりと網羅することができるような、説得力があって印象に残る包括的なテーマを生み出した。

たとえばサッカーのように、ある特定のスポーツについて広告を行った場合でも「ジャスト・ドゥ・イット」というコピーはナイキというブランド名や他のナイキ商品にまで繰り越し効果を及ぼす。

ナイキがゴルフ市場にボール、クラブ、シューズ、ウェアなどの製品で参入を決めた際にも、過去に成功を収めた二つの手法を組み合わせた。すなわち超有名スター選手の起用と「ジャスト・ドゥ・イット」を使ったキャンペーンだ。何の実績もないゴルフという新たな市場で、勢いをつけてスタートを切ることが狙いだった。一九九九年に発売された最初の商品はゴルフボールだった。二〇〇四年、五億ドルのゴルフボール市場でナイキのシェアは六・六％にまで成長した。

タイガー・ウッズの起用と「ジャスト・ドゥ・イット」を組み合わせたことにより、少なくとも世間一般の認識を高めるという点において、ゴルフ用品の発表は成功だった。歴史と伝統を重んじるゴルフの世界で、ナイキは一夜にしてゴルフ用品メーカーとしての信頼を確立したと言っても過言ではない。

「ジャスト・ドゥ・イット」というテーマを持っているおかげで、ナイキは新製品や新たな製品ラインを発表するたびに巨額の個別広告を制作することなく、既存もしくは新たな市場における売上を伸ばすことが可能となっている。二〇〇三年においての各製品の売上占有割合は、フットウェアが五六％、衣料が二九％、スポーツ器具が六％、その他の製品が九％となっている。ナイキがさらに成長するためには、フットウェア事業以外の領域を伸ばす必要があることは明らかだ。しかしナイキは今後、新しいスポーツ器具であろうが、新たなフットウェアのラインであろうが、その他の付帯事業であろうが、「ジャスト・ドゥ・イット」のテーマを使い続け、今のブランド認知をレバレッジすることができる。

事例❸フォード：心に残るメッセージ

大恐慌の時代に三大メーカーの中で三位に転落してからというもの、フォードの社運はみるみる傾いた。一九二〇年代にスローンの優れた意思決定によってGMが組織再建を果たすと、フォードはもはや敵ではなくなった。第二次世界大戦前から大戦中にかけてのフォードは、特約店販売網が優れていた点を除けば、自動車製造のあらゆる面に分権経営を取りいれたGMに比べて、時代遅れで歯車がかみ合っていない組織に見えた。

一九四〇年代初頭、老練かつ自動車業界によく通じていたエゼル・フォードが年老いた父親ヘンリー・フォードから事業を引き継いだとき、結束の強いデトロイトの自動車業界でもウォール街でも、これで待望の変化が起こるのではないかと期待が高まった。フォードが改革を果たして、再びGMやクライスラーの競争相手として立ち上がることを誰もが望んでいた。しかし残念なことにエゼル・フォードは一九四三年にこの世を去る。そしてその頃にはヘンリー・フォードの妄想癖と役員たちに対する不信感は頂点に達していた。ヘンリー・フォードは私設警察を雇って役員の行動を探らせていたほどだった。ピーター・ドラッカーはヘンリー・フォードの破滅的な経営姿勢について次のように述べている。

「ヘンリー・フォードの誤った統治の根本にあったのは、数十億ドル規模のビジネスをマネジャー不在のまま運営しようという考え方だった」[5]

エゼル・フォードが亡くなった一九四三年、ヘンリー・フォードは既に八十歳を迎えており、日々の経営を取り仕切るのは無理だった。彼は孫息子のヘンリー・フォード二世に頼るよりほかなかった。当時ヘンリー・フォード二世は弱冠二十七歳、経営者としての特筆すべき経験も、広告における専門知識も皆無だった。

しかし、後にフォード社はいくつもの印象的な企業広告を世に送り出すようになる。すべての事業部（フォードは一九二二年の競売でリンカーンを購入し、一九三〇年代の中ごろにはマーキュリーを買収していた）に波及する企業広告のメリットに気づくと、フォードはGMと同じくらい優れた広告能力を発揮し始める。フォードのキャンペーンの多くが第二次世界大戦後に展開したものであるため、その広告を記憶している人は多いが、GMが一九二〇年代に「家族」をテーマに展開した広告キャンペーンのことを覚えている人は、よほどのマニアでない限りほとんどいない。

記憶に残るフォードの最初の企業広告は、第二次世界大戦中のもので、「あなたの未来にフォードがある」というキャッチコピーがついていた。広告代理店J・ウォルター・トンプソンによって制作されたこのキャンペーンは、生産台数が極めて少なく、広告されている車を誰も買うことができない戦時中において、消費者のフォードへの忠誠心をつなぎとめようとする優れた試みだった。アメリカに新たな繁栄がもたらされる、より良い明日が来る、と広告は謳っ

[5] Drucker, 前掲 *The Practice of Management*, p.114.

た。ある広告には、水晶球と二人の男が会話しているところが描かれていて、「スタイルと言えば――これは見事だ」とある。そしてキャッチコピーは「あなたの未来にフォードがある」。そして社名がおなじみのロゴで書かれていた。

競争の激しいトラック部門では、「アメリカのトラック――タフなフォード仕様」というキャンペーンで、トラックの耐久性とすべてのフォード社製の車を結びつけた。この広告のおかげで、「タフ」という言葉は自動車業界ではフォードの専売特許となった。

このあと登場したコマーシャルは「最近フォードを運転しましたか?」というものだった。これまでフォード車を購入対象として考えたことのなかった消費者や、よそのメーカーに乗り換えていた消費者をターゲットにした広告で、よく考えられている。少なくとも何人かの人は、なぜフォードやリンカーン、マーキュリーを検討対象にしなかったのだろうと自問自答したに違いない。

次のキャンペーンは「品質が第一の仕事です」というテーマで、そのきっかけとなったのは日本車のアメリカ市場への参入だった。多くのアメリカ人や消費者グループの間で、アメリカ車よりも日本車の方が優れていて安全性も高いという認識が広がっていた。注目すべきは、フォードがコマーシャルに登場する工場労働者に自社の工員たちを起用し、いわゆるコマーシャルタレントを使わなかったことだ。社員を起用した「品質」広告の社内における評判は上々だった。またこのコマーシャルには、品質を尊ぶ働き者のアメリカ人の仕事が輸入車のせいで危険にさらされ、もしかしたら永遠に失われてしまうかもしれない、という言外の示唆もあった。

「ここにもフォードに満足したドライバーがいる」という企業広告をビジネススクールのマーケティングや広告の授業でケーススタディとして扱ったために記憶しているMBA取得者は多いことだろう。このキャンペーンの背後にある理由、そのメッセージ、そしてどのような場所でどのような形で実施されたかという研究は、購入後の消費者行動に影響を与える心理学のケーススタディとして古典的な題材だ。

「満足したドライバー」キャンペーンは、一九四〇年代にリオン・フェスティンガー教授が発表した「認知的不協和音」という理論を自動車購入行動に応用したものだった。「認知的不協和音」とは、「人は自分の信念に一致したものや自分の信念の正しさを証明してくれるものを求めており、それと矛盾するような理論や信念に触れるのを避けようとする」という理論だ。フェスティンガー教授の研究によれば、フォードのドライバーはフォードの広告ばかりを見る傾向があり、同じ雑誌に載っていたとしてもシボレーやプリマスの広告は排除するという。

フォード車を初めて購入したドライバーは、他のフォード車が走っていないか熱心に探しながら運転しているということが、一九六〇年代半ばの調査研究によって明らかになった。もし自分のモデルに近いフォード車をたくさん見つければ、ドライバーは自分の買物が正解だったと安心できる。自分のモデルと同じようなフォードをまったく見かけなければ――あるいはシボレーばかりを目にすることがあれば――誤った選択をしたのではないかと「不協和音」が生じることになる。

フォードのドライバーが一日に目にするフォード車の数には、どうしてもばらつきがある。

そこでフォードと広告代理店は、屋外のビルボード広告を使うことによってこの問題を解決した。ビルボードには「ここにもフォードに満足したドライバーがいる」という楽しげなメッセージが派手に書かれている。この広告を見たフォード車のドライバーは、高くて間違った買物をしてしまったのではないかという不安から開放されるというわけだ。そしてそういうドライバーたちは自分の車の長所を友人や同僚に自慢する傾向がある。

そのほかに目立ったフォードの企業広告としては、一九三〇年代に展開された「フォードの走りを見よ」と、一九六八年の「フォードにはもっと良いアイディアがある」。後者の広告には電球のイラストが非常に効果的に使用されている。フォードは今日まで企業広告においてかなりの成功を収めていると言える。

事例❹マスターカード：〝プライスレス〟

一九九七年、マスターカードは「プライスレス」というテーマのコマーシャルシリーズを展開した。平均的なアメリカ人の日常という設定の中で、友人や家族など、自分以外の人のためにカードを使うシーンが描かれている。そして「お金で買えないものがある。買えるものはマスターカードで」とコピーが添えられている。

マスターカードはクレジットカードを生業とするため、広告は何らかの具体的な商品イメージではなく消費者のクレジットカード活用シーンを起点に考案される。マスターカードに限らずカード会社が目指すのは、利用者を増やすことと、既存会員の利用額を増やすことだ。提携銀行やカードの発行母体が設定する金利や支払いオプションの違い以外に、（ポイントやマイレージを除けば）マスターカード、ビザ、アメリカンエキスプレスカードの間に実質的な違いはない。

九十七カ国、四十七言語で世界的に展開された「プライスレス」キャンペーンの成功は、マスターカードの利益を拡大しただけでなく、思わぬプラス効果をもたらした。従業員の間で会社のイメージが著しく高まったのだ。クレジットカードを自分のためでなく人を喜ばせるために使うという設定を使ったこのキャンペーンは、消費という行為を「悪」から素晴らしくて好ましい行為である「善」へと高めたのだ。

一九九七年の開始以来、マスターカードの「プライスレス」キャンペーンは世界中で広告の成功例として研究され、広告業界の主要なクリエイティブ賞を総なめにし、合計で一〇〇以上の賞を受賞した。「プライスレス」はマスターカードの事業に役立っただけでなく、このキャンペーン自体が史上最高の成功を収めた広告として日常的に宣伝されている。

またこの広告キャンペーンがマスターカードの従業員に誇りを与えたという点においては、一九二〇年代初頭に家族をテーマとしたＧＭの広告キャンペーンが社員に好影響を与えたケースと似ている。それによってスローンだけでなく多くの広告主が、従業員の士気に影響を与える要素には、会社の収益以上に大切なものがあることに気づいた。

企業広告の再考

企業広告は、一般大衆やオピニオンリーダーに好意的な意見を持ってもらうために行うものであり、商品やサービスの広告とは異なる。企業広告の広い意味での目的は、その会社の立派な使命や事業内容を示して、営業上の信用を高めることにある。

内向きの意義

規模がそれほど大きくない会社の場合、顧客や消費者向けの広告予算はあっても企業広告に振り向ける予算は持っていないことが多い。社員が勢ぞろいして「ご用命をお待ちしております」と笑顔で呼びかける雑誌広告やテレビコマーシャルには見飽きた感があるかもしれないが、この手のありふれた広告には実は、社員に意識を共有させるという副次的な目的がある。

展開の妥当性

最近の企業の不正行為（たとえばエンロン）や内紛（たとえばディズニー）によって、アメリカ企業はすっかりマスコミの不評を買っている。一つ言えるのは、逆風が吹いているときは企業広告を打つ時期として決してふさわしくないということだ。

当該企業に関する悪いニュースに絶え間なくさらされている一般大衆は、どのような大掛かりな企業広告も当分のあいだ受けつけないだろう。このような時期に企業広告を展開しても悪いニュースに埋もれてしまって届かないか、仮に届いたとしてもかえって胡散臭く思われるのが関の山だ。

インターネットを利用し、企業広告を一般大衆と一対一の関係において見せるという新たな手法も生まれてきた。アメリカのインターネット利用者の四〇％以上がブロードバンドに接続しているため、相当人数に届く可能性がある。

また、大企業はたとえば野球場に自社の名前を冠することによって「宣伝」する方法を見出した。現在ほんの数例を挙げるだけでも、アリゾナ・ダイヤモンドバックスの本拠地バンク・ワン・ボールパーク、シカゴ・ホワイトソックスのUSセルラー・フィールド、サンフランシスコ・ジャイアンツのパシフィック・ベル・パークなどがある。携帯電話のネクステル社がNASCAR――全国自動車レース協会――のスポンサーになっているのも同様の事例だ。今のところアメリカではこの種の広告は禁じられているが、ヨーロッパの有名サッカーチームのユニフォームにはグローバル企業のロゴが入っている。広告の行い方も、昨今相当に多様化が進んできている。

スローンの教え「ブランディングの原点」

企業の信用やイメージの向上を図る広告であっても、売上に十分貢献しうるということを忘れてはいけない。現代広告の父と言われるデイヴィッド・オグルヴィは「一つひとつの広告が、ブランドという複雑なイメージの形成に寄与していると考えるべきだ」と述べている。スローンは、新しい消費者市場で成功を収めるためには、ばらばらに存在していた五つのラインナップをGMという一つの巨大ブランドとしてまとめる必要があることを理解していた。そしてブルース・バートンの鮮やかなキャンペーンが始まると、世間はアメリカに新たな企業が生まれたことを認識したのである。

第11章

正しいことを正しく行う

一九四一年に出版されたスローンの一冊目の自伝には、一九四〇年にGMが二五〇〇万台目の車を組立ラインから送り出したときの記念写真が載っている。ページをめくると、その歴史的快挙を祝うディナー会場で壇上に上がったスローンとウィリアム・クラポ・デュラントの写真がある。

デュラントは心からの感謝の気持ちを込めてしっかりとスローンの手を握っている。スローンはかつて「非凡なビジョンと勇気、大胆な創造力と先見性の持ち主」と称えたデュラントを紹介しようとマイクに向かって大きく足を踏み出しているところだ。株主であるデュポン社によってデュラントがGM社長の座を追われてから二十年の歳月が過ぎていたが、今日のGMがあるのはデュラントに負うところが非常に大きいのだという事実を、その日祝賀会に集った全員に、そしてデトロイトの自動車業界の全員に、スローンは覚えていてほしかった。

ゼネラル・モーターズという社名の名付け親である六十九歳の創業者を再び公の場に迎えるというのは、寛大かつ品格ある行為だ。デュラントは不運にも一九二九年の暴落でさらにひと財産を失い、一九四一年にはボウリング場の経営に手を出すところまで身を落としていた。スローンはこう書いている。

「(祝賀会の中で)最も意義深かったのは、GMという会社を最初に構想し、私たちの最初のリーダーであったデュラントに対して、全社員が敬意を表する機会を持てたことだった」[1]

GMにおけるデュラントの気まぐれな独裁経営について、スローンは常に率直に批判をしてきたが、それらは決して意地の悪さから出たものではなかった。デュラントの放逐を陰で喜んだり、「もしデュラントが私の言うことに耳を傾けていたら……」などという仮定の話を書いたりすることも一切なかった。

スローンの公明正大さを示すもう一つの例は、経営学の大家ピーター・ドラッカーが、GMからの依頼を受けて一九四〇年代初頭にGM内の経営構造に関する徹底的な研究を行ったときのことだ。このときの研究成果は『企業とは何か』★という名著となり、一九四六年に出版されている。これはアメリカ企業内部の仕組みを評価した史上初の研究だった。のちにこの本は大企業における組織作りや人員配置の青写真として、ヘンリー・フォード二世や第二次世界大戦後の日本企業によって活用されることとなる。

[1] Sloan, 前掲 *Adventures of a White-Collar Man*, p.128.

★ Drucker, 前掲 *Concept of the Corporation*

もっとも、スローンは、GM内部のガバナンスを部外者に観察させてレポートを書かせるという案に賛成ではなかった。ドラッカーに会ったその日、この雇われたばかりのコンサルタントに向かってスローンは自分の気持ちを知らせた。

「ドラッカーさん、恐らくお聞き及びと思いますが、あなたに研究していただくというのは私の発案ではありません。私には意味があることとは思えません。部下に押し切られました。ですから私の務めはあなたが出来る限り良い仕事をするよう協力することです。私が役に立てることがあれば、いつでも部屋を訪ねて来て下さい」[2]

スローンは約束に忠実だった。頻繁にドラッカーを自分のオフィスに招いては、彼がGM社内で目にしたやり方について質問がないか尋ねた。一九四六年に出版されると、本は飛ぶように売れたと同時に、経済界に大騒ぎを巻き起こした。とりわけGM社内では、この本がGMとその企業風土に対して批判的すぎると騒がれた。しかしスローンは、ドラッカーの論評に関し、対決の姿勢を打ち出すようなことはしなかった。おそらく、異論として許容したのであろう。

実際、GMという組織の真の姿についてスローンとは異なる結論に到達したとはいえ、ドラッカーに優れた分析力があることはスローンも認めていた。スローンは、一作目よりも重要で内容の濃い二作目の自伝を書いた際に、しばしばドラッカーの意見を求めた。さらに自分の基金を通じても大きく発展させた、MITのアルフレッド・P・スローン・スクール・オブ・マネジメントの教授陣の候補としてドラッカーの名を挙げた。

[2] Drucker, 前掲 *Adventures of a Bystander*, p.279.

ウィリアム・デュラントを祝賀会に迎えたことも、ピーター・ドラッカーを丁重に敬意を持って扱ったことも、人として正しい行いだ。正しいことを行う、それがＧＭにおいてスローンが従った確固たる信念だった。

「会社というシステム」を築いたリーダーシップ

経営面とリーダーシップにおいて発揮されたスローンの優れた才能が、今となっては何となく当たり前の印象を与えることは否めない。それというのも、彼が「初めて」成し遂げた画期的な事柄の多くが、今ではアメリカ企業の標準的な経営方法となっているし、彼が生み出した経営規律や慣行はビジネススクールや大学のビジネス課程において何らかの形で教えられているからだ。スローンが作り上げた基本的な慣行は、時代がうつろえども、企業経営の礎として生き続けている。

一九二三年以降に達成された目覚しいＧＭの業績は、社長として、ＣＥＯとしてスローンが発揮した経営面におけるリーダーシップの賜物である。さらに彼は、自分がＧＭのトップとして果たすべき目標を次のように考えていた。

「産業界において大きな責任を課された者は、その産業のスポークスマンとしての役割を果たさねばならない」[3]

スローンは、長い社長在任中に全国メディアや地域のマスコミからの取材を積極的に受ける

[3] Sloan, 前掲 *Adventures of a White-Collar Man*, p.145.

ことで産業界における優れたスポークスマンとしての手腕を発揮した。世界最大の自動車メーカーGMがいま何をしていて、将来何をしようとしているかアメリカ国民が知りたがっているということを、スローンはトップとしてよく承知していた。

また自動車業界の組織や全米製造業者協会のような団体、GM特約店委員会のような社内組織においてもスローンは数限りなくスピーチを行った。彼は自分がGMの顔であり、声であることを理解していた。

公の場におけるスローンの発言で最も記憶に残るのは、一九三二年、米国下院の労働委員会におけるものだ。

下院議員　「自動車産業における飽和点はどこでしょうか」

スローン　「教えて頂けないでしょうか。私も知りたいと思っています」

下院議員　「売上を決める要素は何ですか」

スローン　「購買力です」

下院議員　「それならアメリカ国民が一人一台車を持ったところが飽和点ということになりますね」

スローン　「いえ、一人二台です！」

「創造という仕事はこれからも続いてゆく」

GMにおける任期中、スローンは役員報酬の一形態として各事業部の幹部のためにストック・オプション制度を設けた。これを機に、アメリカ社会は一個人（または家族）によって企業が所有される時代から、その会社を経営するプロ経営者によって大量の株が所有される時代へと変わっていった。

スローンは終生、共和党員であり、自動車製造業のマクロ経済、ミクロ経済に影響を与える政治については強い関心を持っていた。ただしGMを政治的に中立に運営しようという彼の努力は誰の目にも明らかであり、いかなる政治論争においても、GMがどちらかの政党を支持しているように映ったことはなかった。企業が一つの政党、一人の候補者、一つの主張に肩入れすることは、本質的に間違いであるとスローンは考えていた。

スローンの伝記著者は、スローンを優れた経営者たらしめた一面を次のようにまとめた。

「GMの利益に影響を及ぼさないほぼすべてのものを脇へ避ける能力、それがスローンをまれに見る経営者に仕立てた要素の一つだ」[4]

そして、彼の二冊目の自伝の結びにはこう記されている。

「創造という仕事はこれからも続いてゆく」[5]

スローンから今日の経営者やリーダーたちへの最後の教訓は、彼の実用的で堅実なシステム

[4] Farber, 前掲 *Sloan Rules*, p.248.

[5] Sloan, 前掲 *Adventures of a White-Collar Man*, p.128.

は「これからも続く」ということだ。GMにおけるスローンの類まれなキャリアの成功は、彼の名を冠した私的財団が四つも存在することが証明している。それらの財団は、教育、医療、文化、ビジネス学習、自動車の歴史などをアメリカ国民に提供している。

ニューヨーク市にあるアルフレッド・P・スローン・ジュニア財団の収入は毎年増え続けていて、国内でも屈指の非営利団体としてさまざまな団体やプロジェクトに対する支援を行っている。

心理学者として、また作家として名高いハワード・ガードナーは、その名著『リーダーの肖像——二十世紀の光と影』★1においてスローンに関する章を設け、ビジネス界からただ一人、スローンに関して詳説している。マーガレット・ミード★2、ジョージ・C・マーシャル★3、ロバート・メイナード・ハッチンズ★4など、歴史に残る偉大なリーダーたちについて語る中で、ガードナーは「階級」、つまり社会を区分する〝括り〟の変遷に言及している。そしてスローンを「企業という現代の〝括り〟のリーダー」[6]と位置づけ褒め称えている。

スローンはほとんどたった一人で企業というシステムを創り上げた。彼は企業というものを形成し、機能や内容を改善し、世界のなかで優位に立つ資本主義組織へと育て上げた。スローンのフレーズを言い換えるならば、あらゆる男性、女性、子どもが、そしてこれから誕生する何世代もの人々が、GMのアルフレッド・P・スローン・ジュニアによる恩恵を受けつづけるのである。

★1 Howard Gardner, *Leading Minds, An Anatomy of Leadership* (Basic Books, 1995).
ハワード・ガードナー著『リーダーの肖像——二十世紀の光と影』山崎康臣・山田仁子訳、青春出版社、2000 年
★2 人類学者
★3 米陸軍軍人、政治家。第二次世界大戦中の参謀総長。戦後、国務長官としてマーシャルプランを立案・実行
★4 教育家。シカゴ大学名誉学長
[6] Gardner, 上掲書 p.132.

ADL経営イノベーションシリーズ刊行にあたって

1886年、米国マサチューセッツ工科大学（MIT）のアーサー・D・リトル博士によって、世界最初の戦略コンサルティングファームとして設立された「アーサー・D・リトル（ADL）」。われわれADLは、爾来一世紀を超え一貫して“企業経営のありかた”を考え続けてきました。

「ADL経営イノベーションシリーズ」は、これまでにADLが培ってきた企業経営に関する想いを、一連の書籍の形をとり、皆様にお届けしていくものです。戦略の要諦とは？　技術の意義とは？　組織のリーダーシップとは？　社員のモチベーションとは？……いかに時代がうつろえども、常に変わらずに「経営の根幹をなす本質的・普遍的な様々な問い」につき、皆様と議論させていただくことを願っています。

本シリーズは、はやりのビジネス書ともいうべき一過性のベストセラーを目指すものではありません。企業経営、組織運営、事業管理にかかわる皆様の傍らに常にあり、新しい気づきを求めて、末永く何度も何度もページをめくって頂けるような、いうなればロングセラーと評されるものになれば嬉しく思います。

「thought-provoking」という言葉があります。「示唆に富み、啓蒙的で、思考力を大いに刺激される」といった意味です。この単語が冠されるに相応しいシリーズになることを願っております。

ご愛顧のほど、どうぞよろしくお願い申し上げます。

Arthur D Little
アーサー・D・リトル（ジャパン）株式会社
マネージング・ディレクター　日本代表　原田裕介

著者—— **アリン・フリーマン　Allyn Freeman**
フリーマン・コンサルティング代表。経営コンサルタントとして過去20年、数多くのフォーチュン500企業（AT&T、コカコーラ、フォード・モーター、アメリカン・エクスプレス等）と協業を展開してきた。
企業経営におけるイノベーションやリーダーシップに関する提言を、本書以外にも各種の書籍・レポートとして上梓している。
コロンビア大学MBA、サンダーバード大学BFT、ブラウン大学BA。

訳者—— **アーサー・D・リトル（ジャパン）株式会社　ADL Japan, Inc.**
1886年、米国ボストンにて、マサチューセッツ工科大学のアーサー・デホン・リトル博士によって、世界最古の経営コンサルティングファームとして創業される。ADL Japanは、アジア地域の重要拠点として1978年に設立され、以来四半世紀を超え、“ものづくり”に携わる企業を中心に、経営課題解決の支援を提供し続けてきた。「経営と技術の融合」・「人と組織環境の開発」など、戦略立案から一歩踏み込んだ“腹に落ちる”提言の創出を掲げて活動を展開している。
www.adl.co.jp

原田 裕介　Yusuke Harada
アーサー・D・リトル（ジャパン）株式会社　マネージング・ディレクター　日本代表
大手精密・電子機器メーカーを経てADLに参画。企業経営者のビジネスパートナーとして活動する傍ら、ADLの知見を様々な場にて発信し続けている。
マサチューセッツ工科大学（MIT）スローン経営大学院、技術＆政策大学院修了。東京工業大学総合理工学大学院修士課程修了。経済産業省技術経営プログラム企画検討委員。

松岡 慎一郎　Shinichiro Matsuoka
アーサー・D・リトル（ジャパン）株式会社　シニアマネジャー
日本・米国での総合商社勤務を経てADLに参画。価値観・風土も含めた課題分析に立脚した、目指す姿達成のための事業・組織変革を主領域に活動している。
東京大学工学部卒業。

鈴木 裕人　Hiroto Suzuki
アーサー・D・リトル（ジャパン）株式会社　マネジャー
自動車・産業材・エレクトロニクス・化学等、製造業企業を中心として、事業・技術・知財活動の三位一体化を目指した経営システム刷新を主領域に活動している。
東京大学工学系研究科修士課程修了。

●英治出版からのお知らせ

弊社ウェブサイト（www.eijipress.co.jp）では、新刊書・既刊書のご案内の他、既刊書を紙の本のイメージそのままで閲覧できる「バーチャル立ち読み」コーナーなどを設けています。ぜひ一度、アクセスしてみてください。

また、本書に関するご意見・ご感想をeメール（editor@eijipress.co.jp）で受け付けています。お送りいただいた方には、弊社の新刊案内メール（無料）をお送りします。たくさんのメールをお待ちしています。

※ ADL経営イノベーションシリーズ　www.eijipress.co.jp/adl

スローン・コンセプト　組織で闘う
「会社というシステム」を築いたリーダーシップ

発行日　2007年3月1日　第1版　第1刷

著　者　アリン・フリーマン
訳　者　アーサー・D・リトル（ジャパン）株式会社
発行人　原田英治
発　行　英治出版株式会社
〒150-0022 東京都渋谷区恵比寿南1-9-12 ピトレスクビル4F
電話　03-5773-0193　FAX　03-5773-0194
www.eijipress.co.jp
印　刷　大日本印刷株式会社
プロデューサー　高野達成
スタッフ　原田涼子、秋元麻希、鬼頭穣、大西美穂、岩田大志、秋山仁奈子
古屋征紀、田嵜奈々子
翻訳協力　株式会社オフィス宮崎　www.officemiyazaki.com

ISBN978-4-901234-99-3　C0034　Printed in Japan